U0188139

建筑手记

卢峰 著

重庆大学出版社

序

我的建筑手绘始于读大学期间。我的父亲是一名严谨、认真的建筑学教师，在他的督促下，1985年入学后，我开始了比较系统的手绘线条训练。首先是枯燥的画横竖线条，然后临摹《芥子园画谱》、建筑画配景以及当时许多名家的速写作品（如吴冠中先生的线条图），待有一定的线条表达基础后，又去学校周边的郊野和磁器口等小镇写生。1987年赴四川汶川的美术实习以及此后去杭州、苏州等地游览过程中的写生，使我的手绘技巧和构图能力得到很大提升，并形成了以钢笔线条为主的写生习惯。1988年我利用寒假时间走遍了渝中半岛的两江沿岸，后又与同学结伴游览了峨眉山、乐山一带的传统城镇，对山地传统聚落和地方民居形式有了更深刻的认识，钢笔线条表达的准确性和表现力也进一步提高；待到1989年本科毕业时，已经完成了近500幅的钢笔速写画和一批线条表现图纸。1989年至1992年攻读研究生期间，我有幸参与了导师万钟英先生主持的《设计资料集》中的商业街部分的绘图工作，以及唐璞老先生主持的山地建筑部分的绘图工作，对手绘线条在建筑形体轮廓与局部空间表现上的特点有了更进一步的感知，这直接导致我后续的设计方案多采用钢笔淡彩的表现形式。

1992年研究生毕业前夕，曹汛先生为其主编的《建筑速写》一书来到我们学院寻找素材，也选用了我的几幅速写作品。成为当时书中年龄最小的作者，与梁思成、杨廷宝、童寯、冯建奎、吴良镛等老先生的作品并列，令我不甚惶恐，但也由此使我养成了手绘表达的工作习惯。

留校以后，我开始尝试将手绘进一步拓展到设计图的线条表现，从1992年至2012年这20年间，大约完成了400余幅A3幅面的钢笔线条表现图，而经过长期写生训练所积累起来的构图、细节与材质表现、配景等基本功为我的钢笔线条表现提供了坚实的基础。

1997年之后，教学、设计、科研等方面的工作日益繁杂，其间虽有许多外出交流的机会，也常随身携带速写本，但多因来去匆匆，事务缠身，很难静下心来，所以速写的数量和质量都有所减退。直至2004年完成博士论文答辩后，才有了更多的时间和精力重新捡起画笔，每到一处交流或游览，我都会尽可能地抽出时间画上几张。特别是2006年以来陆续参与国内外高校的教学和学术交流活动，使我有更多的机会去体验不同文化背景下的城市空间和建筑风貌，我的速写素材也更加多元化。2014年至2015年在美国宾夕法尼亚大学城市研究中心作访问学者期间，我利用开会和假期时间访问了20余个美国城市，为自己的城市设计研究收集资料，同时也大大丰富了我的速写积累。

本书内容主要由两部分组成：一部分是速写

写生，另一部分则是近 20 年来的各种设计资料收集的线条图。之所以选择这两个方面的内容，是希望更全面地体现手绘在一个建筑师成长过程中的多重价值和意义。

在当今信息时代，计算机辅助设计技术日益完善，并渗透到建筑设计的整个过程中，建筑三维模型、渲染图乃至虚拟动画等，已成为表达设计意图的常用手段。在此背景下，手绘的价值何在？它在整个设计过程中的作用是什么？近几年来，这些问题一直困扰着建筑学专业教学目标和训练手段的制订，并在不同范围内产生了认知上的差异和争论。

实际上，在建筑学学习阶段，尤其是在初学阶段，强调手绘的主要目的是希望借此手段帮助初学者在较短的时间里建立基本的建筑形态、尺度与空间的概念。刚开始画构思草图的学生，可能会发现自己所设想的建筑形象和空间效果与通过画法几何求证出来的建筑形象有较大差异，这实际上就是个人的建筑感受与现实空间视觉效果之间的差距。因此，当初学者在建筑设计过程中，不经过徒手的勾绘阶段就直接借助计算机来推敲建筑体量，其所获得的有关建筑形态或空间的经验也许是不真实的，或者是不全面的。从近几年低年级的教学过程来看，许多同学往往将大尺度建筑的建构手法运用到只有几千平方米规模的中小型建筑设计上，而且关注建筑形态远远超过关注建筑与环境的关系，这在一定程度上是由于过于依赖计算机所造成的设计错觉。建筑学作为一门技术与艺术相结合的学科，专业直觉是设计创作一个很重要的组成部分，特别是建筑方案初期的设计构思，是建筑师面对具体环境条件和需求而做出的最直接、最感性的认识，一般具有较强的概括性和艺术想象上的灵性，往往是潜意识的感悟，在这样浮光掠影的一瞬间，一支能及时、准确捕捉心灵感受的笔就显得尤为重要。

从建筑师成长的整个过程来看，手绘所涵盖的范围非常广泛；除写生以外，线条手绘至少可以在设计资料收集与分析、设计构思表达、设计方案推敲等方面，成为一种即时、快捷、低成本的表达方式。

首先，手绘是一种与个人感受和生活历程密切相连的原真表达形式，是建筑师长期经验积累的一种图像日记。特别是近 20 年来，随着我国城市的高速发展，城市的地域特色日益淡化，手绘记录的价值更加凸显。我曾经多次写生的重庆渝中半岛的两路口、观音岩、临江门等吊脚楼民居集中的传统街区，如今早已面目全非，而当年完成的大量速写，不仅成为非常珍贵的城市历史的见证和个人学习的回忆，也成为我研究城市文化特色的重要依据。

其次，手绘作为一种注重细节与准确性的绘图手段，能提高资料收集的深度和价值。虽然现在已进入了全面网络化的时代，从网上收集、拷贝资料易如反掌，但便捷的获取方式往往会使我们忽略掉许多建筑实例中的设计细节，无法获取全面的设计信息。只有亲手将实例的平、立、剖面图或透视图绘制一遍，才能真正体会到那些隐藏在建筑表象背后的精彩之处，而不仅仅是关注那些表面性的设计表达。

其三，建筑手绘草图是一种设计过程中有效的沟通工具，涵盖了建筑创作的整个范畴；无论是在总体布局还是在细部构造设计环节，无论是个体方案推敲还是多个构思的比较，无论是与工作伙伴交流还是与设计委托方沟通，目前还没有一种图像表达手段能像手绘草图那样简单、直接、高效和富有活力。

其四，手绘是一种个性化的设计图纸表现形式。在计算机图像技术日益先进的今天，手绘图纸似乎是一种落后、低效率的工作方式，无论是建筑材质表现还是多视点分析，计算机都有无可比拟的优势；但许多时候，手绘图纸能使你关注在设计过程中容易忽略的许多细节问题，并使你对建筑的实体形象和内外空间有一个更全面的认识。当然，在大家都倾向于借助计算机进行设计表达的情况下，手绘也许更能体现建筑师及其工作成果的个性（或称为特质）。

从表象上看，手绘仅是一种技艺，但由于掌握这一技艺的建筑师的个体差异以及表达目标的差异，手绘实际上也具备了艺术的某些特征，如多样性和独特性。同时，手绘也和其他类型的艺术表现方式一样，是一个将个人长期感受融入创作作品的过程，是一个思想积累和不断突破的过程。今天我们的许多设计都过于功利、过于追求效率和所谓标新立异的效果，因此，如果想要从建筑创作过程中获得更多的收获和乐趣，也许手绘就是一种释放自己的方式。《建筑手记》就是一本以图像为主的笔记本，记录了我这些年的一些兴趣与感触，也许并不完整，但真实。

本书从立项、选例、编写到完成，用了一年多的时间。从十几本积累下来的速写本中选取有代表性的作品，是一件颇费周章的取舍工作，也使我有机会再次回味当年的乐趣与感受。在此特别感谢我的夫人陈维予对这些资料的长期整理和保存，以及在本书编写过程中所承担的大量扫描和排版工作，她的全力投入为这本书的内容与质量提供了保障。还要感谢重庆大学出版社张婷编辑对本书出版的辛勤付出与专业建议。

2016 年 6 月于重庆

目录

资料收集

建筑速写

四川汶川羌族民居

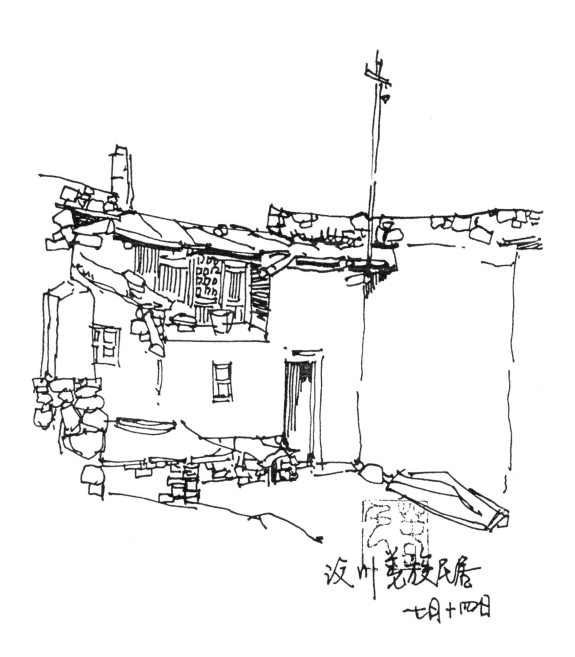

汶川羌族民居
七月十四日

四川汶川羌族民居

四川汶川郭竹铺

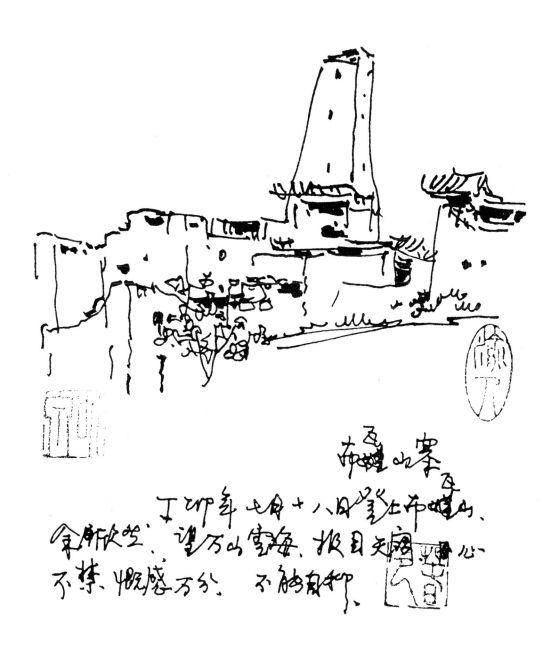

四川汶川布瓦山寨

四川汶川山寨

四川灌县玉垒山

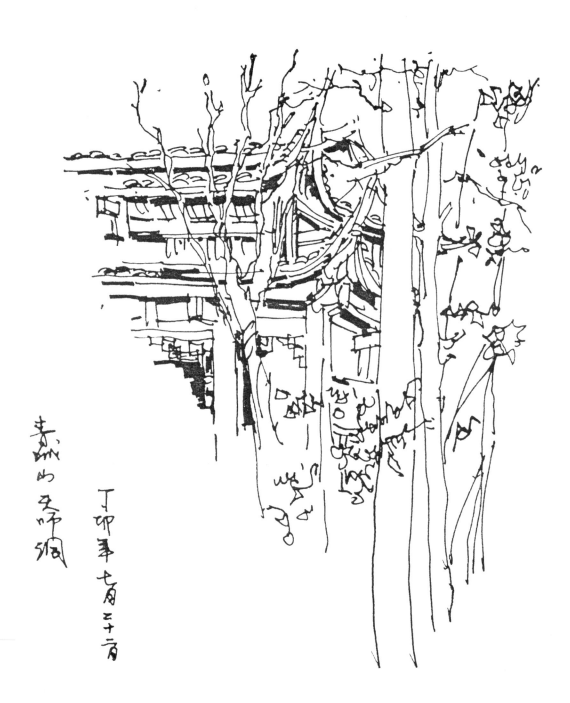

青城山天师洞

丁卯年七月二十二日

四川青城山天师洞

江苏苏州怡园

狮子林

丁卯年八月十之月

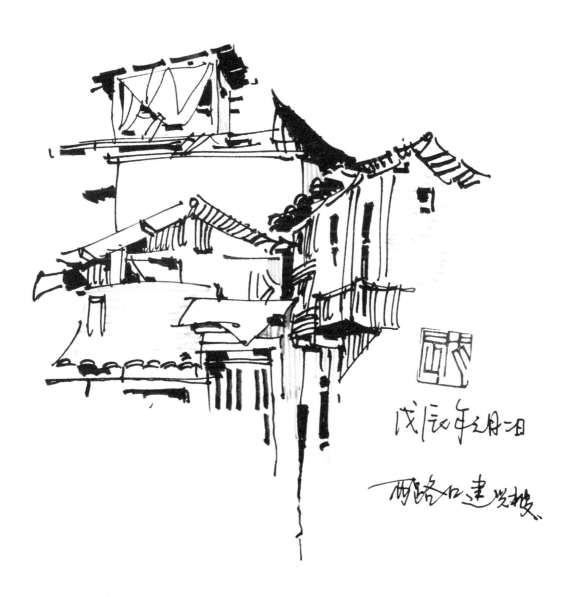

建兴坡.

戊辰.元月.二日

重庆两路口建兴坡

重庆珊瑚湾

江边小屋

戊辰·元月二日

重庆江边小屋

江边吊脚楼

戊辰·元月二日

重庆江边吊脚楼

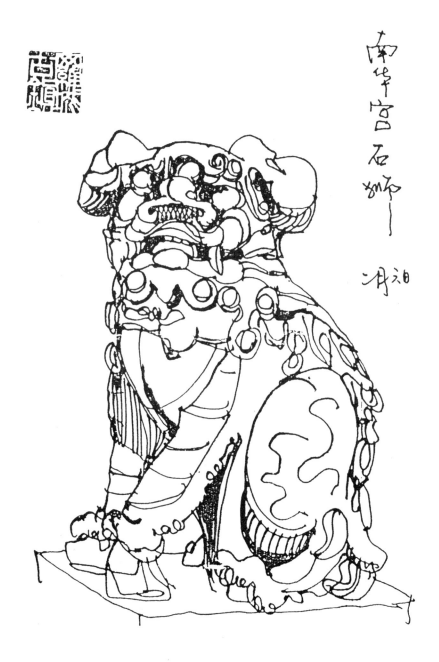

南华宫石狮一

湘祖

四川罗城南华宫石狮

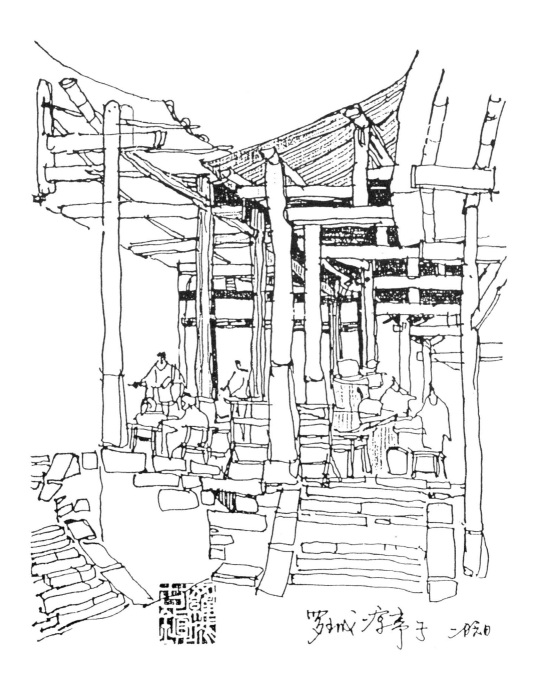

罗城凉亭子 二〇〇日

四川罗城中心凉亭子

四川峨嵋山牛心亭

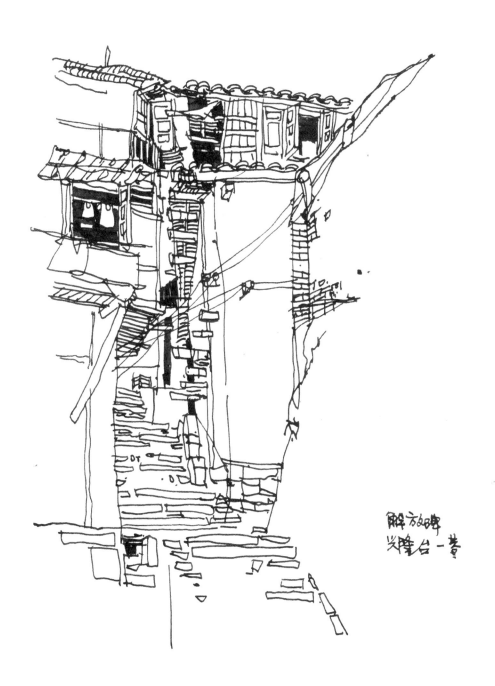

解放碑
兴隆台一巷

草坝街行侧巷

92.4.4.

四川巴中草坝街侧巷

文星街 9 #

92.4.4

四川巴中文星街 9 号

中城线门转角小食店.

92.4.4.

四川巴中中城街转角小食店

92.4.5. 巴中

丽江·贡爷客栈
23/7·05·

云南丽江古城贡爷客栈

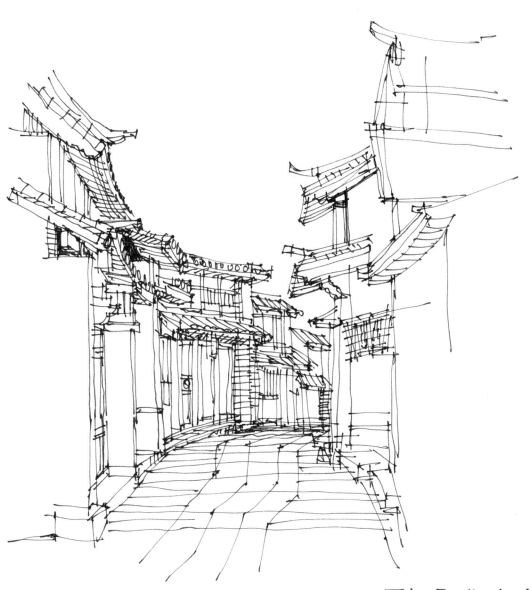

丽江. 五一街·文治巷
23/7/05

云南丽江古城五一街文治巷

丽江·崇仁巷·万子桥.
2005.7.23

云南丽江古城崇仁巷万子桥

丽江·古柏.
24/7/05

云南丽江古城古柏

丽江·黑龙潭·古树
24/7/05

云南丽江古城黑龙潭古树

丽江 · 黑龙潭园 · 古柳
25/7/05.

云南丽江古城黑龙潭古柳

丽江·牛家大院（新义街第七巷14号）
24/07/05.

云南丽江古城牛家大院

丽江·全景
25/7/05

云南丽江古城鸟瞰

束河古镇
26/07/05

云南束河古镇

束河 古镇 · 街尾.
26/07/05

云南束河古镇街尾

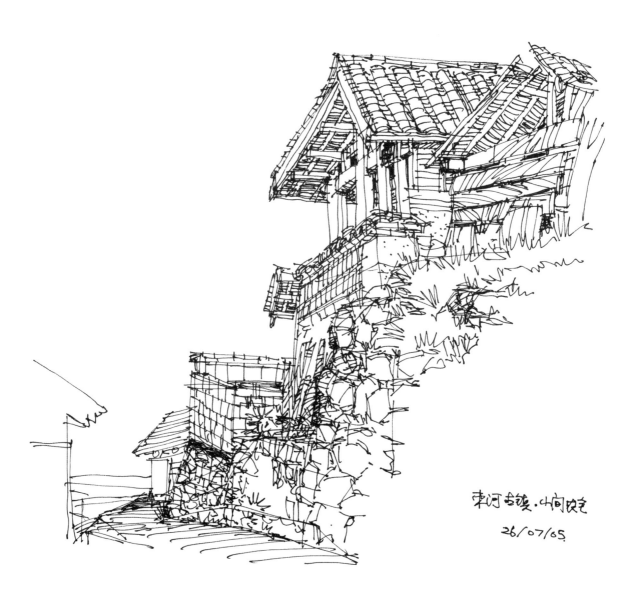

束河古镇·山间农宅
26/07/05

云南束河古镇山间农宅

束河古镇·小巷
26/07/05

云南束河古镇小巷

丽江·关门口
27/7/05

云南丽江古城关门口

江津·中山古镇
2006.02.13

重庆江津中山古镇

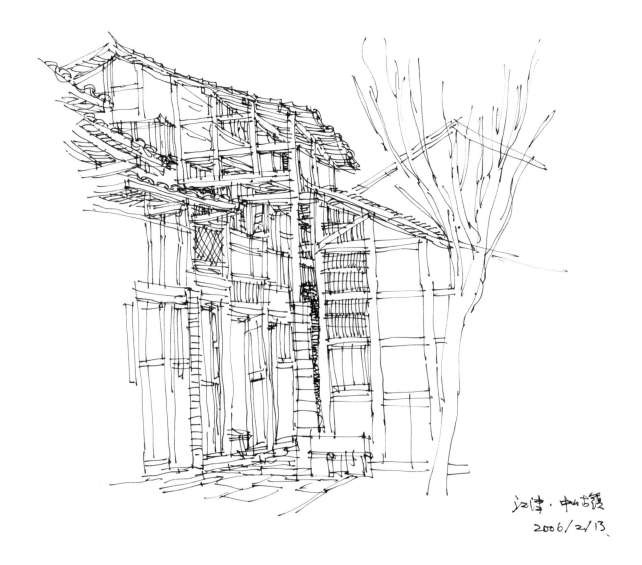

江津·中山古镇
2006/2/13.

重庆江津中山古镇

江津中山镇
15/02/2006

重庆江津中山镇

古柏.

2011/04/18

北京劳动民文化宫.

北京劳动人民文化宫古柏

誠品
書店
eslite
bookstore

台北忠孝東路五段
2011/12/17

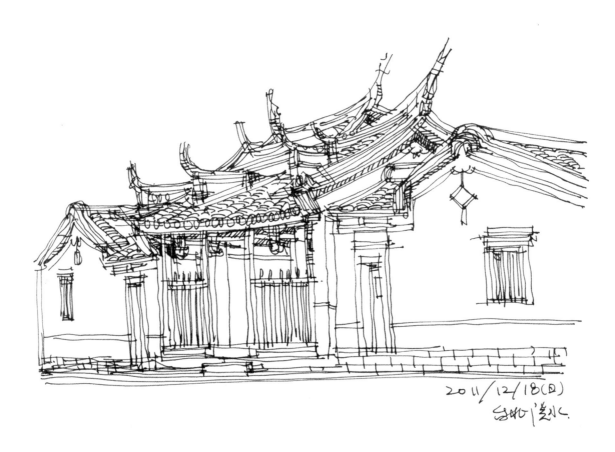

2011/12/18(日)
台北淡水.

台北淡水

2012/07/13. 拉萨. 鲁普岩寺

西藏拉萨鲁普岩寺

拉萨八角街（八廓街）

西藏拉萨八廓街

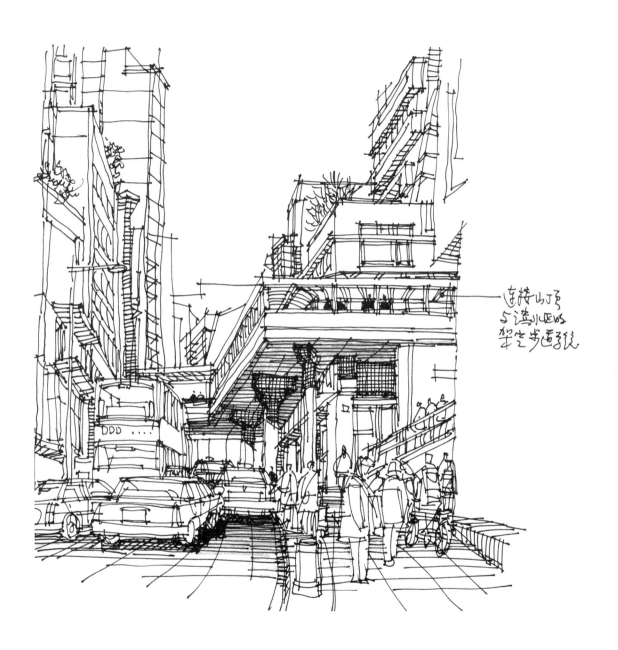

连接山顶
与海水区哟
架空步面系统

香港荷李活道

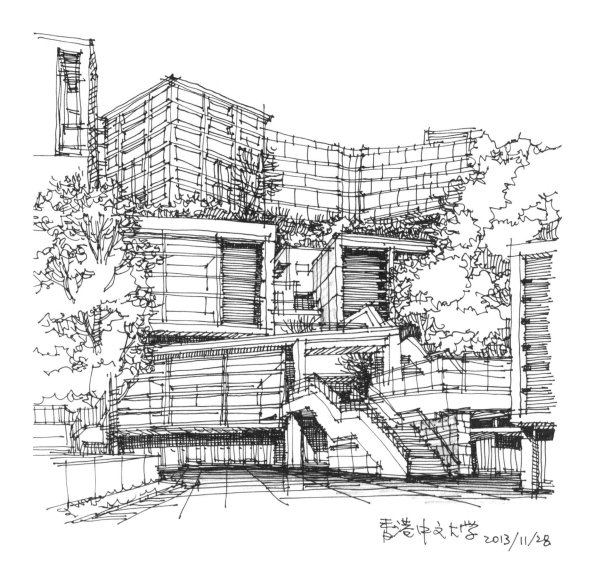

香港中文大学 2013/11/28

香港中文大学

2013/11/30 香港尖沙咀街景

三亚大小洞天
2013.1.29

海南三亚大小洞天

屯溪老街
2014/2/26

安徽屯溪老街

屯溪老街榆林巷
2014/2/26

安徽屯溪老街榆林巷

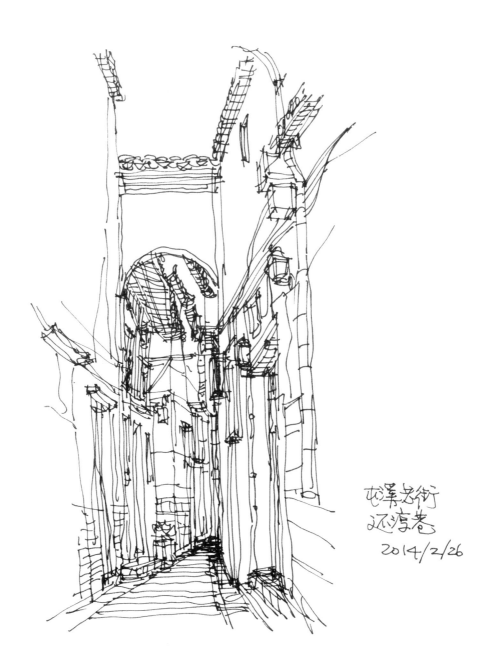

屯溪老街
还淳巷
2014/2/26

安徽屯溪老街还淳巷

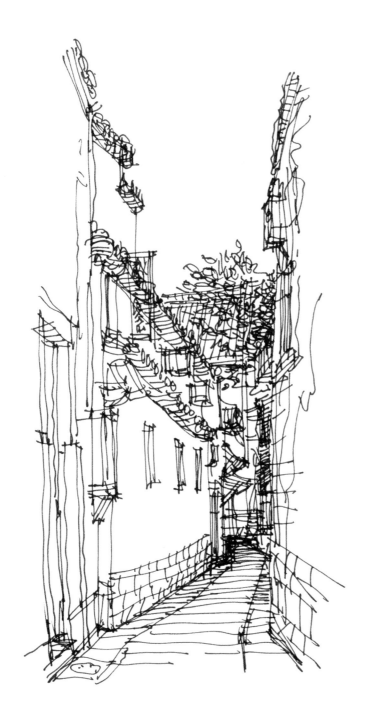

屯溪老街 立新巷

2014/2/26

安徽屯溪老街立新巷

宏村外巷
2014/02/26
-27

安徽宏村小巷

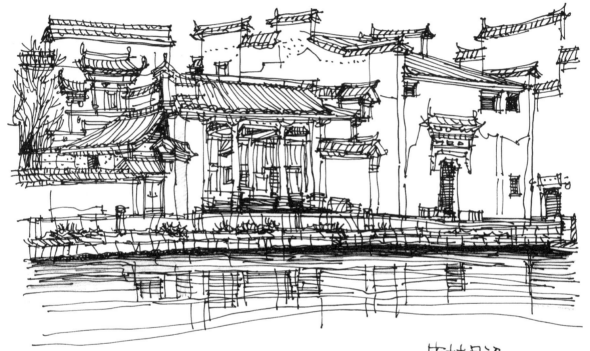

宏村月沼
2014/02/26·27

安徽宏村月沼

宏村 南湖
2014/2/27

安徽宏村南湖

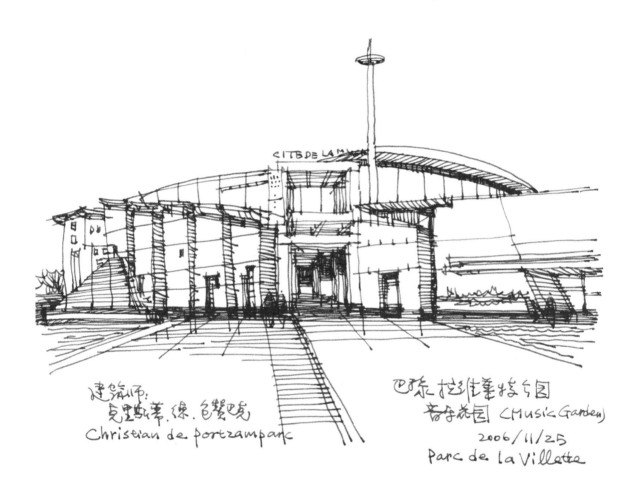

建筑师:
克里斯蒂·徐·包赞吧
Christian de portzamparc

巴黎拉维莱特公园
音乐花园 (Music Garden)
2006/11/25
Parc de la Villette

法国巴黎拉·维莱特公园音乐花园

卢浮宫后院

30/11/2006.

法国巴黎卢浮宫后院

巴黎贝西园住宅
2006/12/01
Bercy park.
Architect: Christian de Portzampare.

法国巴黎贝西公园住宅

Hull Street
North End.
The Freedom Trail.
Boston. 2011/10/10

美国波士顿自由之路

Yale University
2011/10/10 纽黑文.

美国纽黑文耶鲁大学

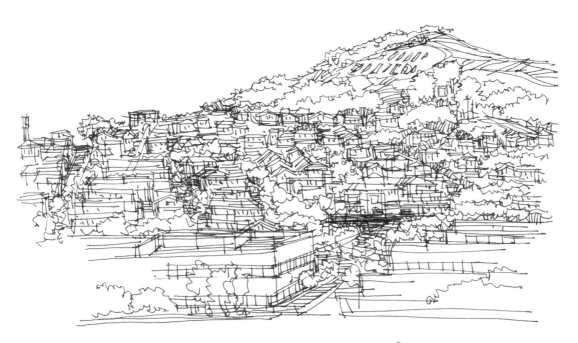

San Francisco.
2011/10/15 (六)
Embassy Suites Hotel.
客房远眺.

美国旧金山客房远眺

日本福冈 九州大学
2011/11/22

日本福冈九州大学

日本福冈
博多水城

2011/11/22

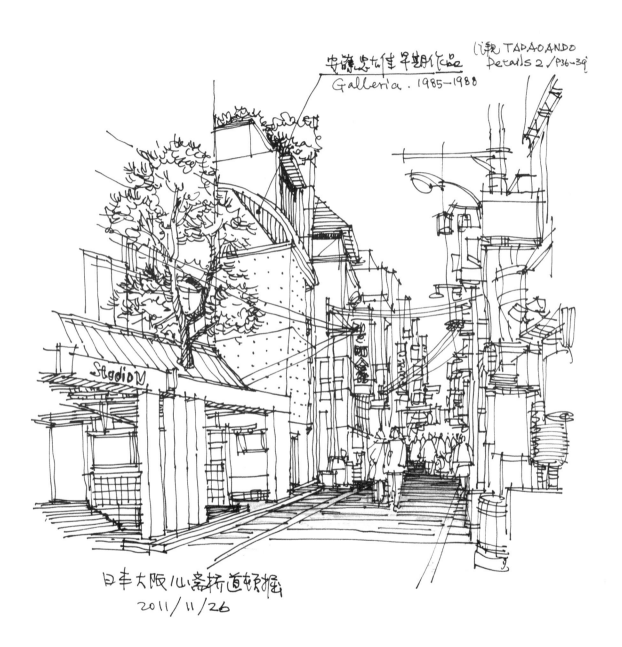

安藤忠雄佳早期作品
Galleria. 1985-1988

(摘 TADAOANDO
Details 2 / P36~39

日本大阪心斋桥道顿掘
2011/11/26

日本大阪心斋桥道顿掘

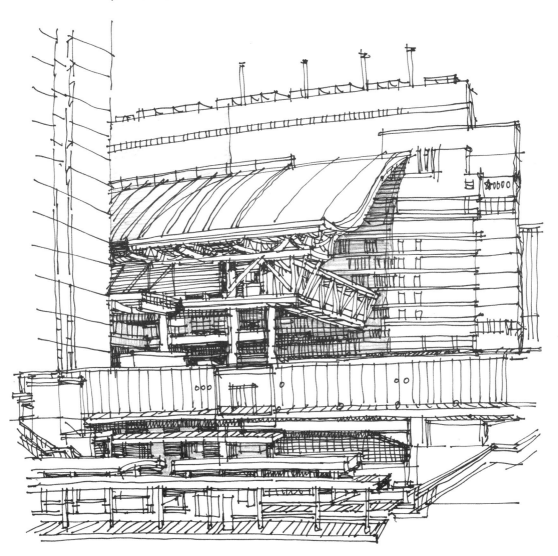

日本大阪駅 OSAKA STATION
2011/11/27

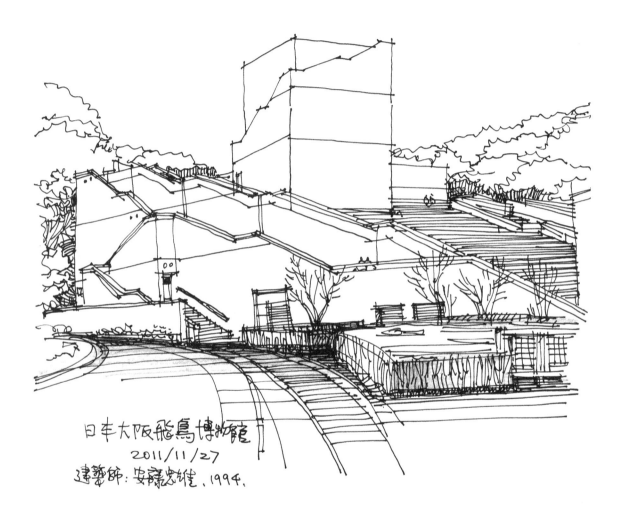

日本大阪飞鸟博物馆
2011/11/27
建筑师:安藤忠雄,1994.

日本大阪飞鸟博物馆

日本京都 哲学の道
2011/11/28

なら
日本奈良
唐招提寺
2011/11/29
(しょうだいじ)

日本奈良唐招提寺

日本奈良法隆寺（ほうりゅうじ）2011/11/29

東京上野公園. 国立西洋美術館. 建築師: Le Corbusier
2011/12/01 （こくりつせようびじゅっかん）

日本东京上野公园国立西洋美术馆

東京大学校园
2012/03/27

日本东京大学校园

2012/3/27 (二)
東京大学 赤門
Faculty of Medicine
Bldg. 2

日本东京大学赤门

日本东京工业大学
2012/03/28

箱根神社
2012/03/28

日本箱根神社

大槌町神社
2013/04/22

日本岩手县大槌町神社

大槌町民宿
2013/04/23

日本岩手县大槌町民宿

日本岩手県
大槌町.

2013.4.24-

日本岩手县大槌町

東京銀座街景
2013/04/29

RICOH

日本东京银座街景

日本東京六本木　2013/04/29
ろっぽんぎ

日本东京六本木

Down Town. Philadelphia. 08/29/2014

美国费城市中心

church. philadelphia.
CHestnut/43thST 09/14/2014

Penn Museum.
09/21/2014

美国费城宾夕法尼亚大学博物馆

Christ Church. Philadelphia
09/27/2014

美国费城教堂

UPENN College Hall
09/27/2014

美国费城宾夕法尼亚大学学院大厅

Richards Building & Goddard Lab/10/04/2014

美国费城宾夕法尼亚大学理查医学楼

PENN Town Building
10/17/2014.

美国费城宾夕法尼亚大学

Meyerson Hall

美国费城宾夕法尼亚大学设计学院

美国费城宾夕法尼亚大学美术图书馆

Fine Arts Library.

美国费城宾夕法尼亚大学美术图书馆入口

Clark park. philadelphia
04/02/2015

美国费城克拉克公园

3 9th St — 38th St Garden PENN.   04/06/2015.

美国费城宾夕法尼亚大学公园

04/26/2015.
Germany Town.

美国费城德国小镇

美国费城 Rittenhouse 广场

美国费城 Sansom 大街

Magnolia Garden. philadelphia
07/18/2015 Locust Street/ 5th street.

John. F. Collins park. philadelphia
07/18/2015 . Chestnut street / 17th street

美国费城柯林花园

University of Washington. Paccar Hall. 2015/04/19

美国西雅图华盛顿大学

Freeway Park. Seattle.
Designed by Lawrence Halprin
04/29/2015.

美国西雅图高速公路公园

Keller Fountain park
Designed by Lawrence Halprin
04/22/2015.

美国波特兰凯勒水景广场

Corning Museum of Glass. 康宁玻璃博物馆.
05/23/2015

美国康宁玻璃博物馆

Niagara Falls
05/24/2015

美国尼亚加拉瀑布

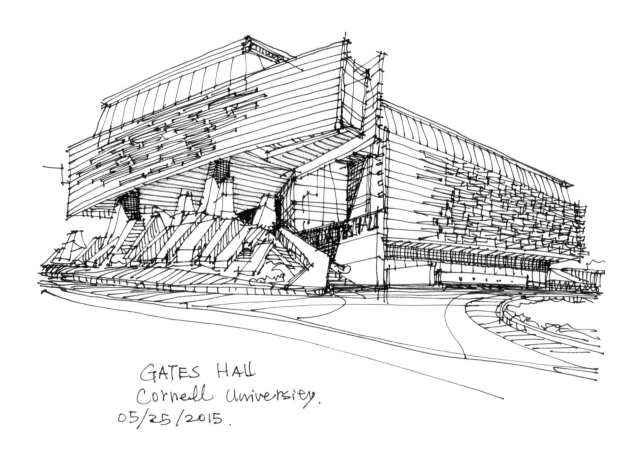

GATES HALL
Cornell University.
05/25/2015.

美国康奈尔大学盖茨大楼

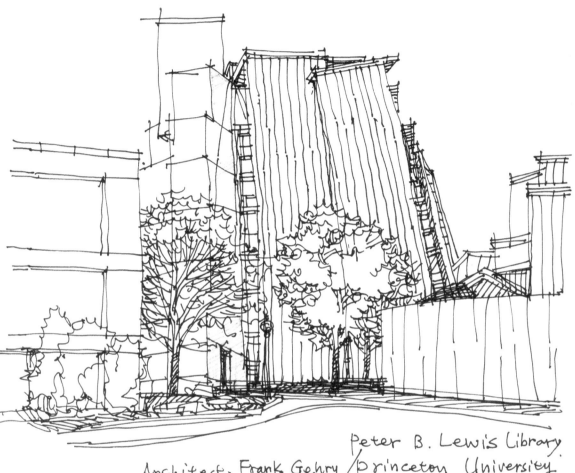

Peter B. Lewis Library.
Architect: Frank Gehry / Princeton University.
06/13/2015

苏拉·洛克菲勒学生公寓
Architect: I M Pei

Princeton University
06/13/2015

美国普林斯顿大学劳拉·洛克菲勒学生公寓

Duck University.
North Carolina
06/20/2015

Art and Architecture Building, 1958
Yale University   06/26/2015.
Architect: Paul Rudolph.

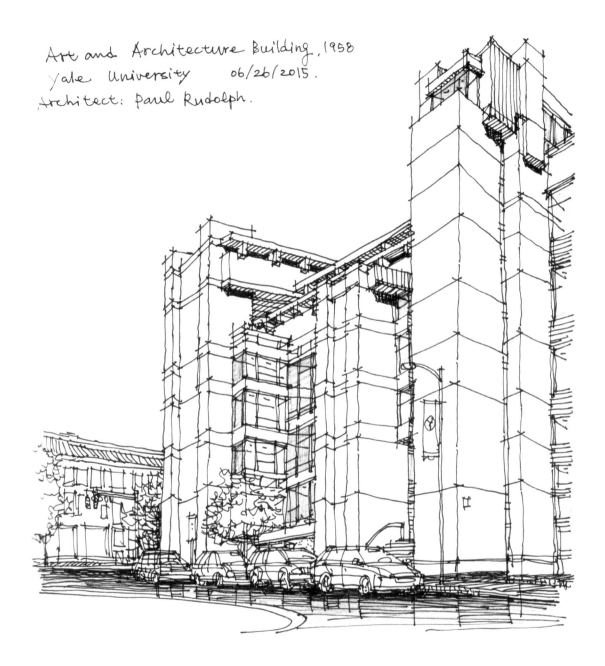

美国纽黑文耶鲁大学艺术与建筑馆

Yale University   2015.07

美国纽黑文耶鲁大学

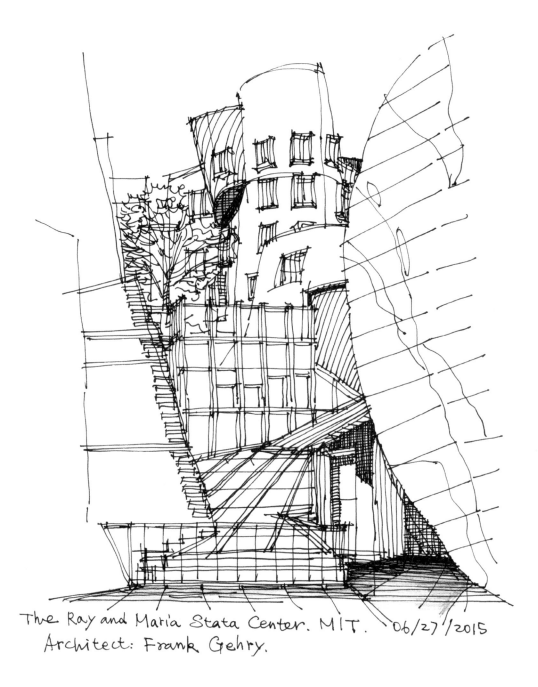

The Ray and Maria Stata Center. MIT.   06/27/2015
Architect: Frank Gehry.

美国波士顿 MIT 研究中心

West point 06/30/2015

Pittsburgh.
07/07/2015.

美国匹兹堡街景

Robie House. 1909.
Chicago. 07/09/2015
Architect: Frank Lloyd Wright

美国芝加哥罗比住宅

The University of Chicago.
07/09/2015

美国芝加哥大学

Frank Lloyd Wright
Home & Studio
(1889-1909)
Oak Parker. Chicago.
07/10/2015.

美国芝加哥莱特住宅与工作室

Loop. Chicago
07/11/2015.

美国芝加哥卢普区街景

Chicago River.
07/12/2015

美国宾夕法尼亚州流水别墅

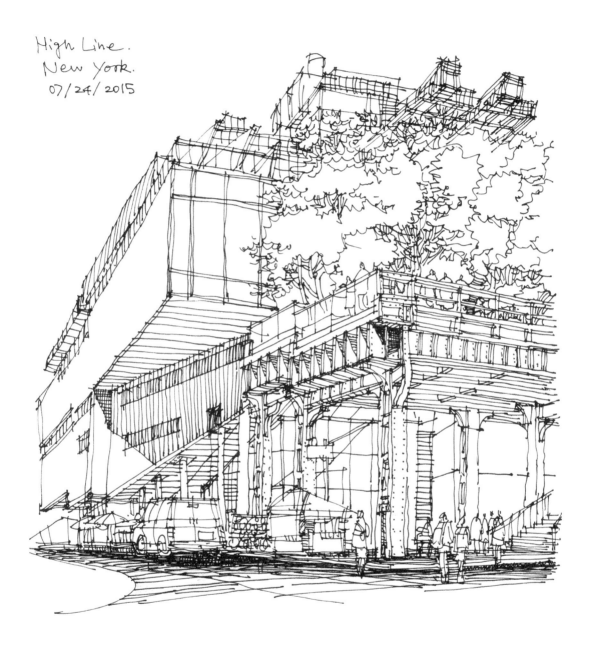

High Line.
New York.
07/24/2015

High Line Park. New York 07/25/2015

美国纽约高线公园

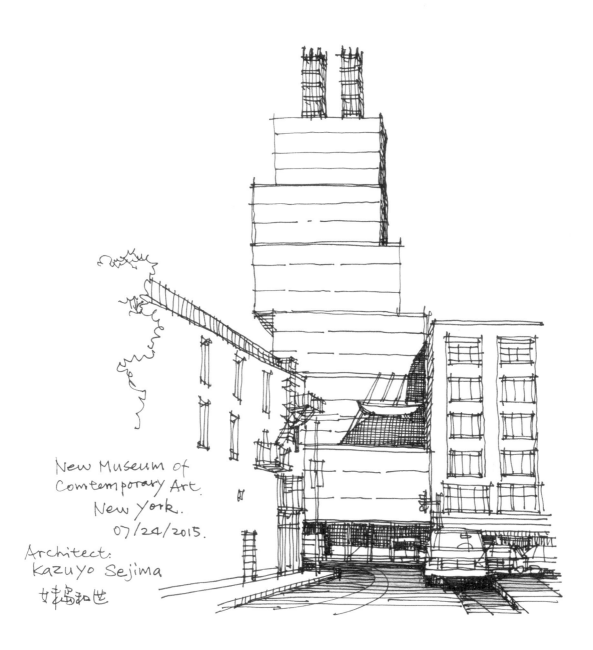

New Museum of
Comtemporary Art.
New York.
07/24/2015.

Architect:
Kazuyo Sejima
妹岛和世

美国纽约当代艺术馆新馆

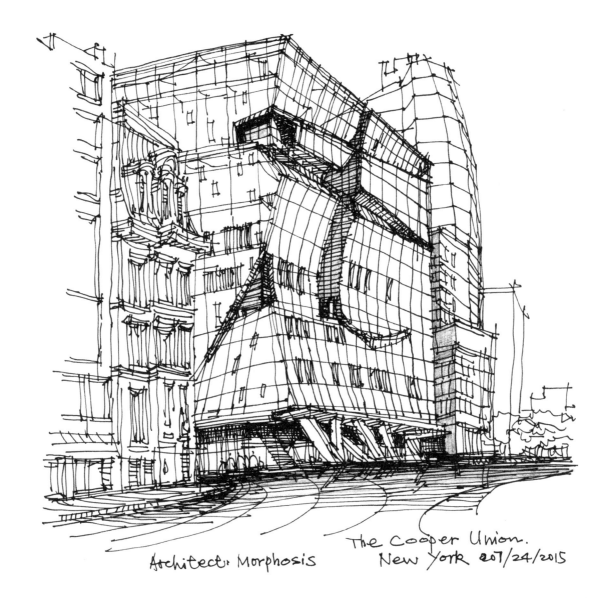

Architect: Morphosis   The Cooper Union.
                              New York 207/24/2015

美国纽约库珀联盟

Wall street. 07/24/2015

美国纽约华尔街

34th Street
New York.
07/25/2015

美国纽约第 34 街

42th street
Manhattan
New York
07/25/2015

美国纽约第 42 街

资料收集

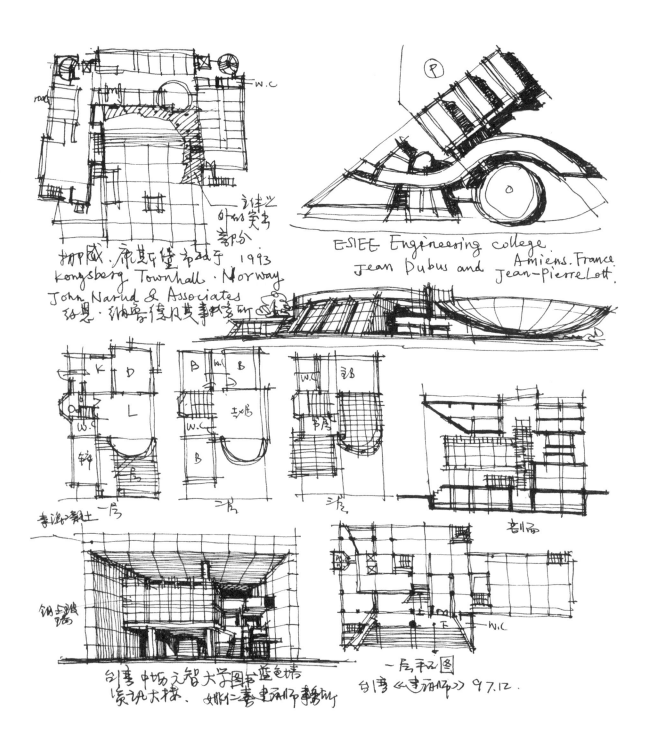

挪威·康期堡市政厅 1993
Kongsberg Townhall·Norway
John Narud & Associates
约翰·纳鲁德及其事务所

ESIEE Engineering college
Jean Dubus and Amiens.France
Jean-Pierre Lott.

台湾 中坊元智大学图书馆色塘
资讯大楼·姚仁喜 建筑师事务所

一层平面图
台湾《建筑师》97.12.

资料收集，1992

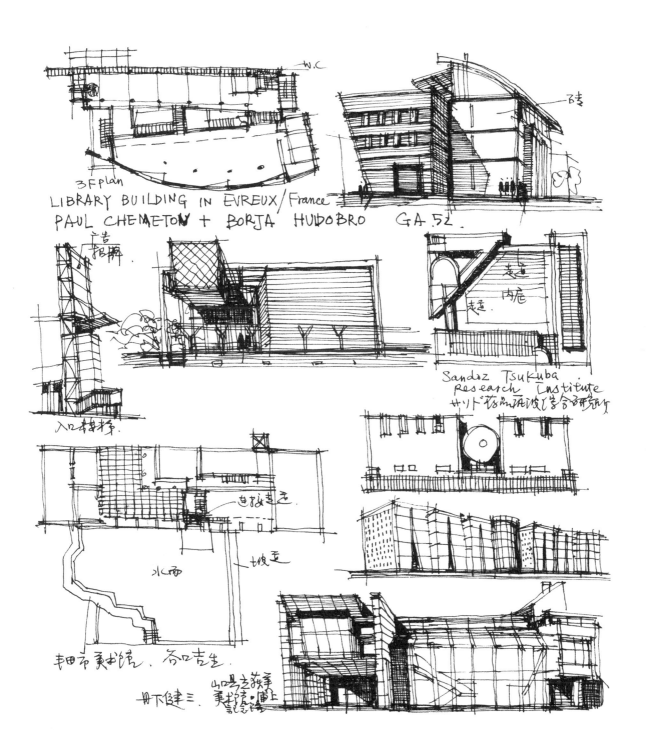

3Fplan

LIBRARY BUILDING IN EVREUX/France
PAUL CHEMETON + BORJA HUIDOBRO   GA 52.

Sandoz Tsukuba
Research Institute

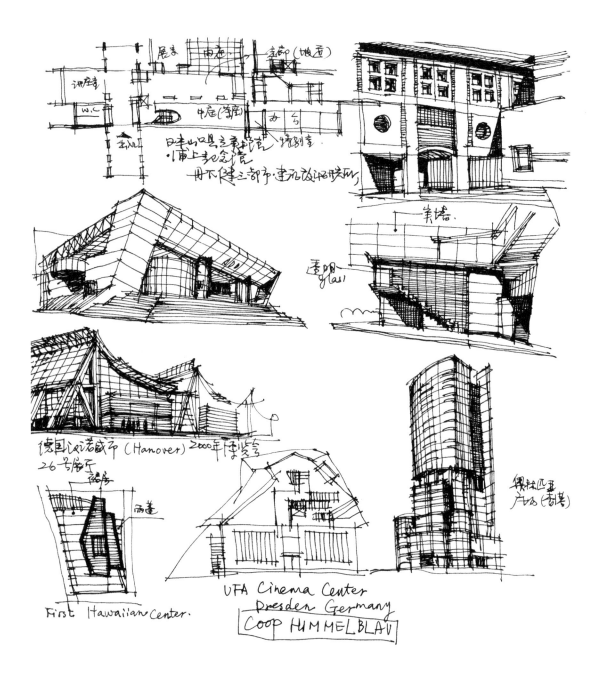

德国汉诺威市 (Hanover) 2000年博览会
26号展厅

First Hawaiian Center.

UFA Cinema Center
Dresden Germany
COOP HIMMELBLAU

资料收集，1992

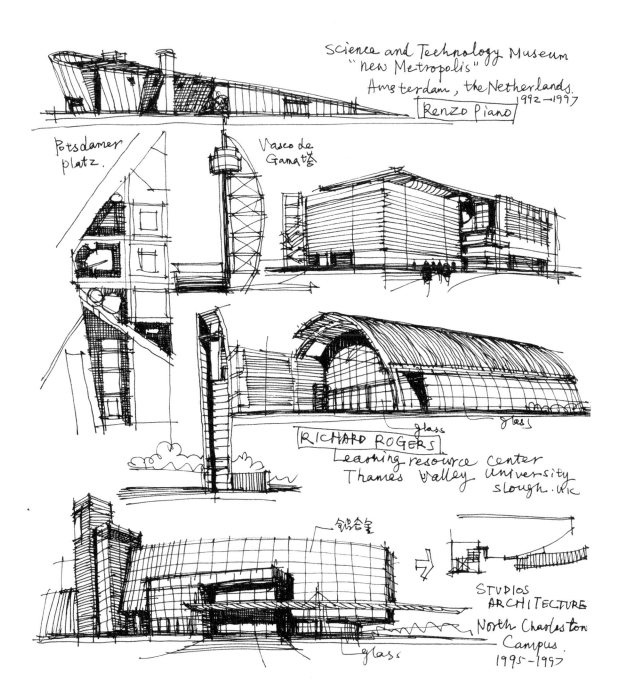

Science and Technology Museum
"new Metropolis"
Amsterdam, the Netherlands.
1992~1997
Renzo Piano

Potsdamer platz.

Vasco de Gama塔

RICHARD ROGERS
Learning resource center
Thames Valley University
slough. UK

铝合金

glass glass

STUDIOS
ARCHITECTURE
North Charleston
Campus.
1995~1997

glass

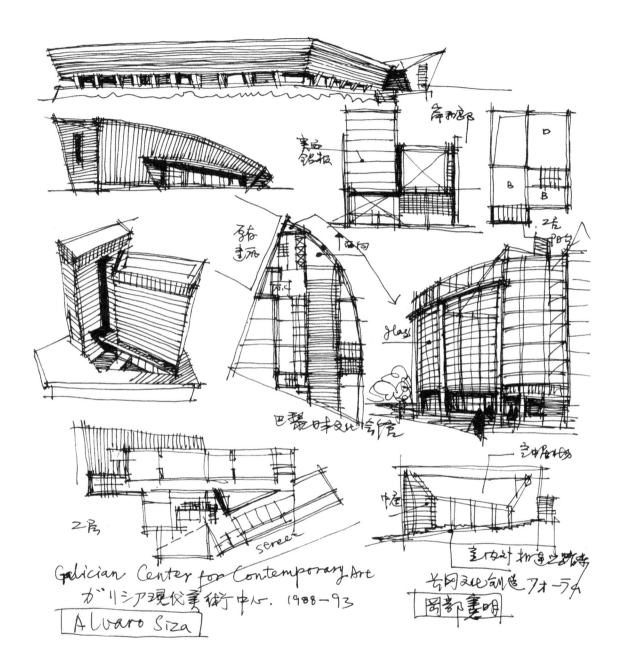

Galician Center for Contemporary Art
ガリシア現代美術中心. 1988～93
Alvaro Siza

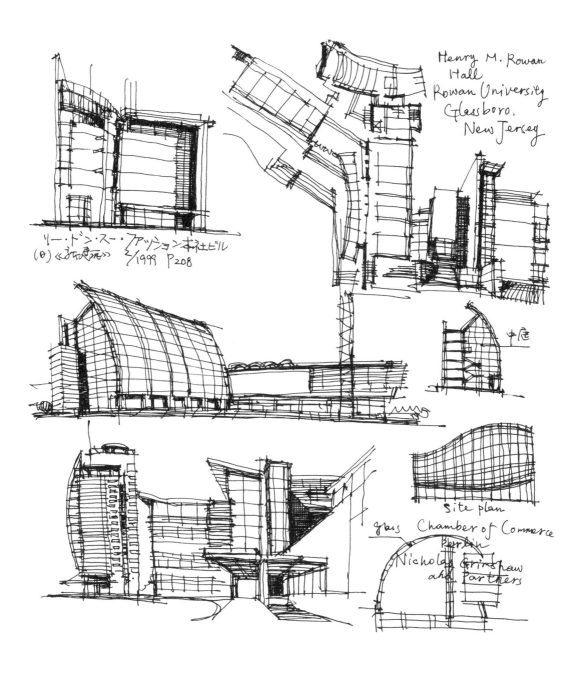

リー・ドン・スー・ファッション本社ビル
(日)《》2/1999 P208

Henry M. Rowan
Hall
Rowan University
Glassboro,
New Jersey

中庭

Site plan

glas Chamber of Commerce
Berlin
Nicholas Grimshaw
and Partners

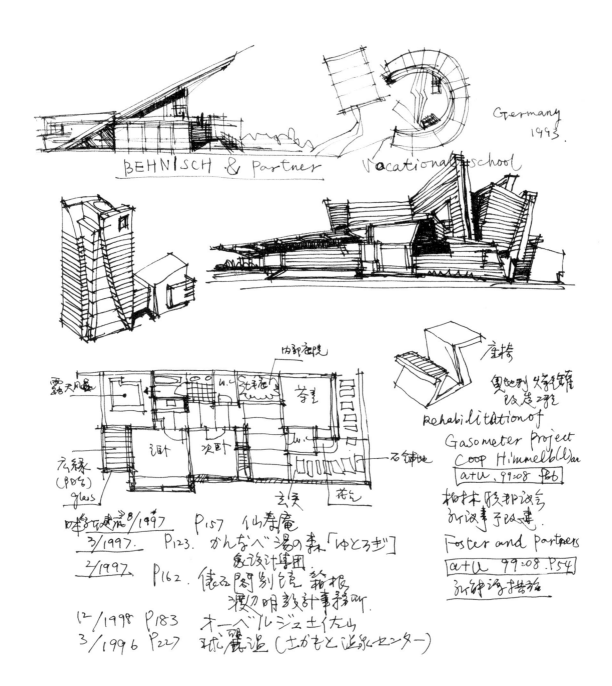

BEHNISCH & Partner   Vacational school

Germany
1993.

内部庭院
露天风景
茶室
w.st
w.
宏緣
(Pの丸)
gluss
主卧   次卧
石铺地
玄关
花台

座椅
奥地利 特钱锺
段送工程
Rehabilitation of
Gasometer Project
Coop Himmelb(l)au
at+u, 99:08 P66
柏林联邦设会
新波事子段建.
Foster and partners
at+u 99:08 P54
新神泗播场

日本碰碰流8/1997   P157   仙春庵
3/1997.   P123.   かんなべ湯の森「ゆとろぎ」
              象设计集团.
2/1997.   P162.   俵石閣别館 箱根
              渡切明教计事务所.
12/1998   P183   オーベルジュ土佐山
3/1996   P227   珠露迠 (土がもと泣泉センター)

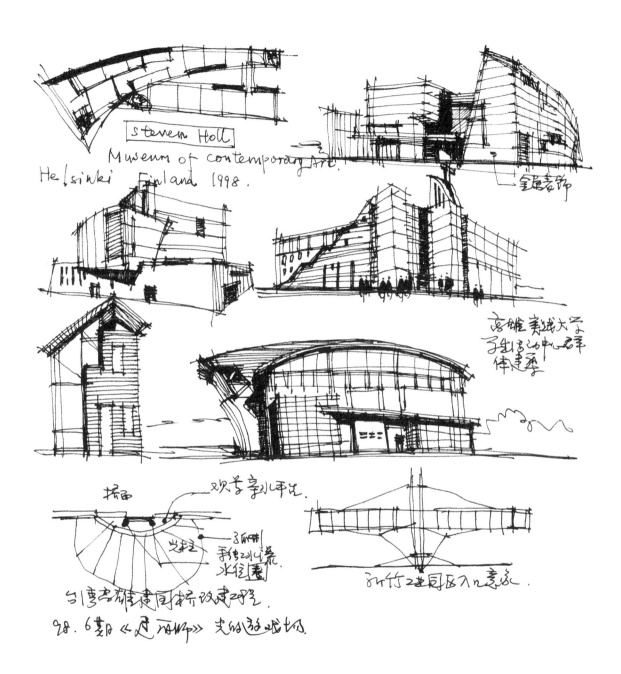

Steven Holl

Museum of contemporary Art.

Helsinki Finland 1998.

金属装饰

高雄实践大学
学生活动中心名字
体建季

拆届

观景享水率台.

岩石

引水引
我堂21L高
水位图

台湾高雄建司标改建工程.

28.6期《足 200m2》 支的游城场.

新竹建同区入口意承.

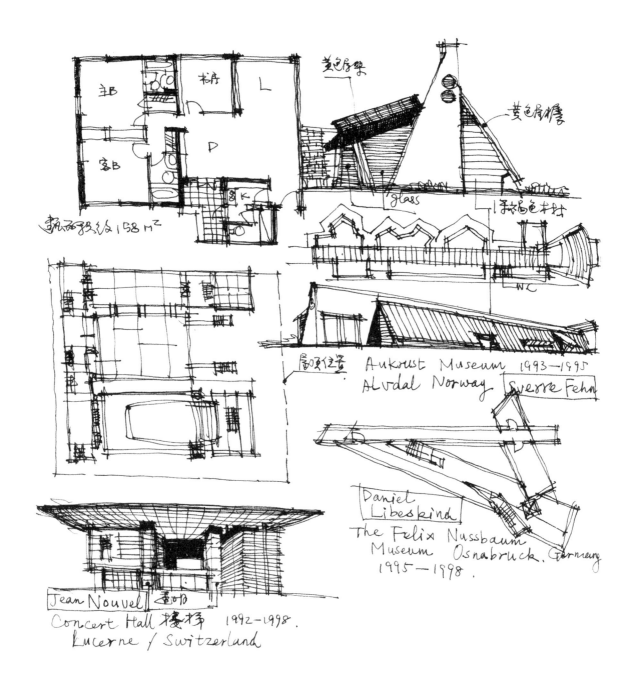

黄色屋架

黄色屋檐

glass

手稿色木材

主B   书房   L

D

客B   K

飘面积约158 m²

WC

屋顶住宅

Aukoust Museum 1993-1995
Alvdal Norway   Sverre Fehn

Daniel Libeskind
The Felix Nussbaum
Museum Osnabruck. Germany
1995-1998.

Jean Nouvel 楼梯
Concert Hall 楼梯 1992-1998.
Lucerne / Switzerland

资料收集，1992

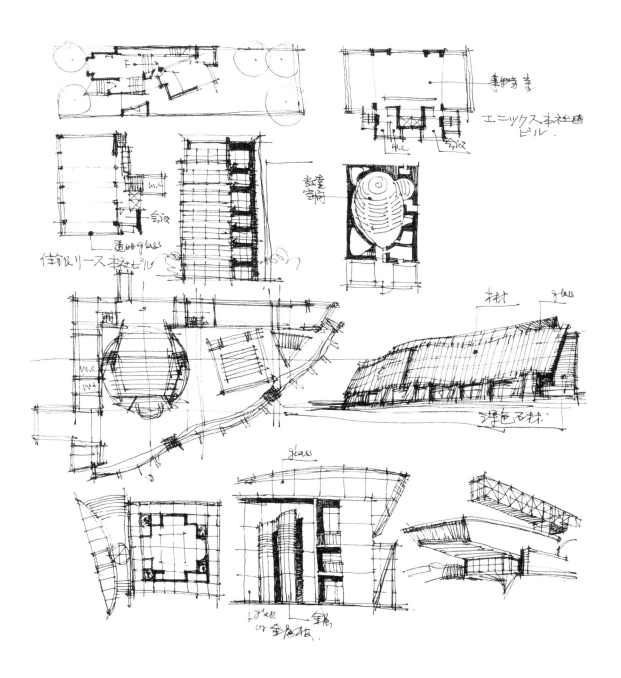

资料收集，1992

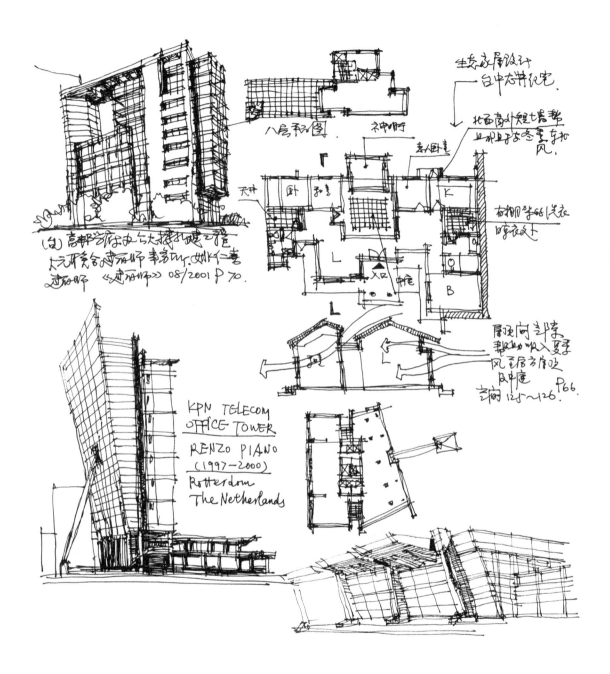

生态房屋设计
——白中太井纪宅.

八层和层图.

神中时.

北面高外短七墙整
上那上有态全屋东松
风.

老人卧室

天井

卧 起居室

K

故棚呼等88's度衣
晒衣冬!

L

R 院

B

居晚向封阵
那助吸入夏季
风了居方作吸
及中庭
吉问 125~126. P.66.

(白) 高都方ひ本女合大提打建之库
太元研究合 虚滴师 事务所, 以K仁喜
过碳昕 《建滴师》 08/2001 P 70.

KPN TELECOM
OFFICE TOWER

RENZO PIANO
(1997-2000)
Rotterdam
The Netherlands

国立台南芝木学院图书信息及
多功能大楼（内庭）．

台南芝术学院音像纪缘泉
研究所．大众建筑心设计学系所．

INTERNATIONAL ELEMENTARY SCHOOL. USA.
MORPHOSIS   (1997-99)

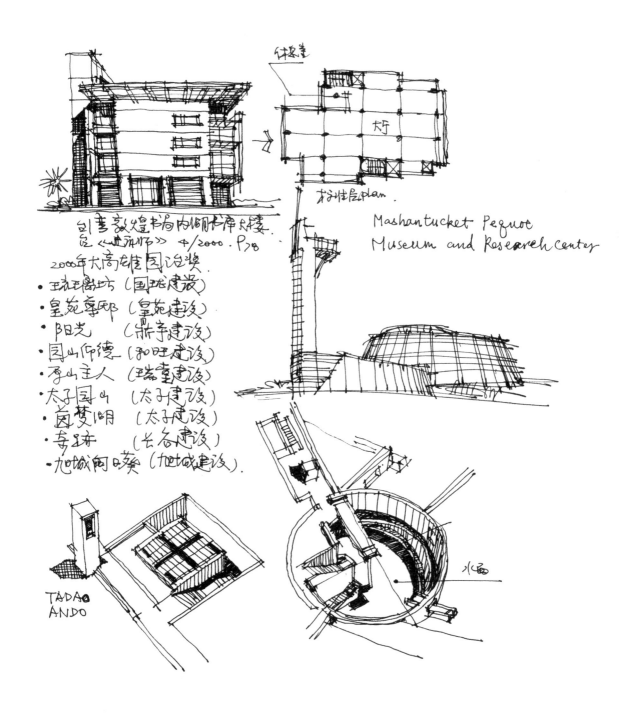

引自 敦煌书局内阿柏卡库房楼.
引《世界》 4/2000. P78

2000年大高雄佳园设奖.
• 琉璃剧坊 (国珑建设)
• 皇苑尊邸 (皇苑建设)
• 阳光   (鼎宇建设)
• 园山师德 (和旺建设)
• 孚山主人 (瑞奎建设)
• 太子园山 (太子建设)
• 茵梦湖 (太子建设)
• 寻玉球 (长春建设)
• 旭城阳日葵 (旭城建设).

Mashantucket Pequot
Museum and Research center

TADAO
ANDO

水面

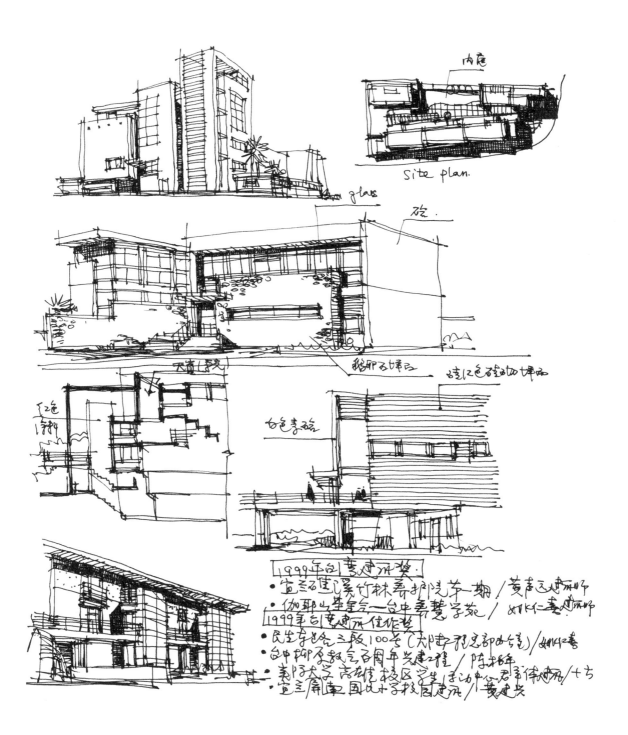

内庭

Site plan.

plan

砼.

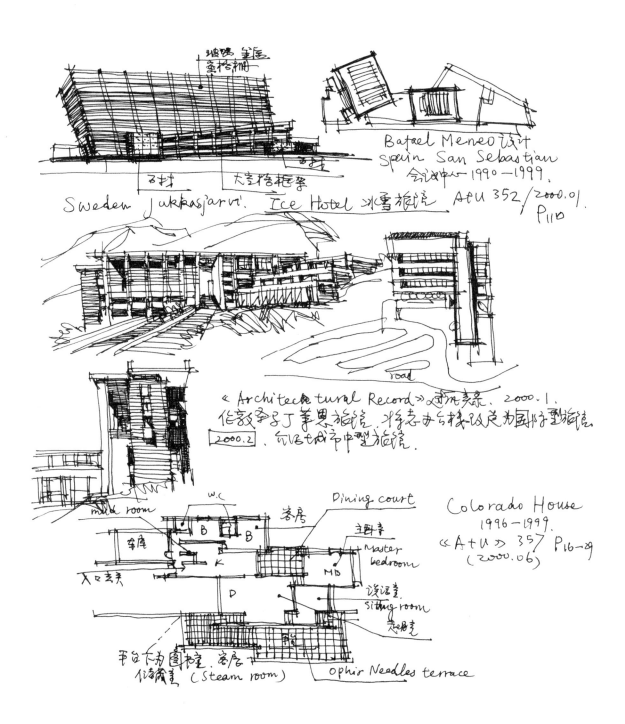

Sweden Jukkasjarvi. Ice Hotel 冰雪旅馆 A+U 352/2000.01.

Rafael Meneo 设计
Spain San Sebastian
会议中心 1990－1999.

P110

《Architectural Record》过流表彰. 2000.1.
作教学引革思旅馆. 将志女台样设定为国际型旅馆.
2000.2. 会议也成为中型旅馆.

Colorado House
1996－1999.
《A+U》357 P16－29
(2000.06)

mild room
W.C
茶房
Dining court
主卧室
Master bedroom
设话室
Sitting room
起居室
车库
B B
K
MD
D
大口玄关
半地下为图书室. 客房
储藏室 (Steam room)
ophir Needles terrace

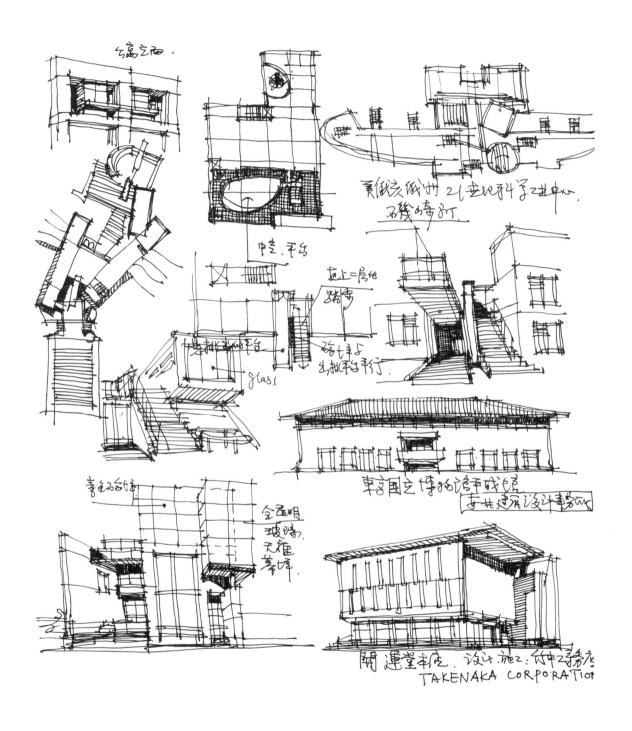

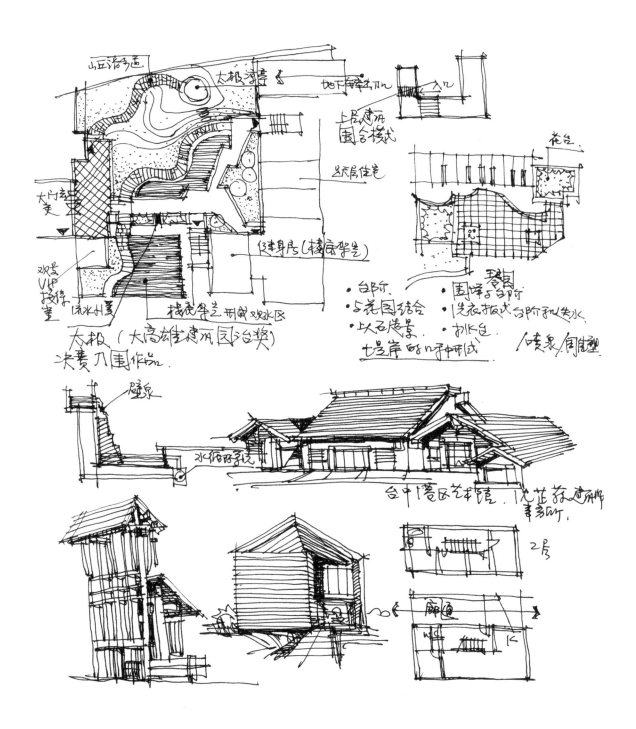

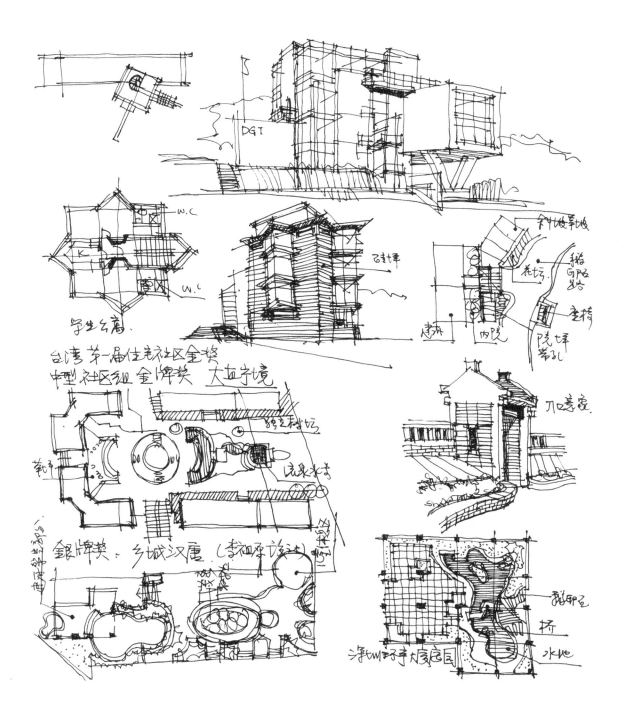

学生之斋.

台湾 第一届住宅社区金奖
中型 社区组 金牌奖 大垃圾境

银牌奖：乡城汉唐（李祖原立法）

Hotel, SAN Pedro de ATACAMA, CHILE
设计: GERMAN DEL SOL.
摘自: The Architectural Review. 1224.

回收高架捕手儿人
《建筑师》99.10. P68.

planting trellis

planting trough

OFFICES. PAINE, CHILE
设计: ENRIQUE BROWNE

Stratford Station, London
设计: Chris Wilkinson Architects.

资料收集，1992

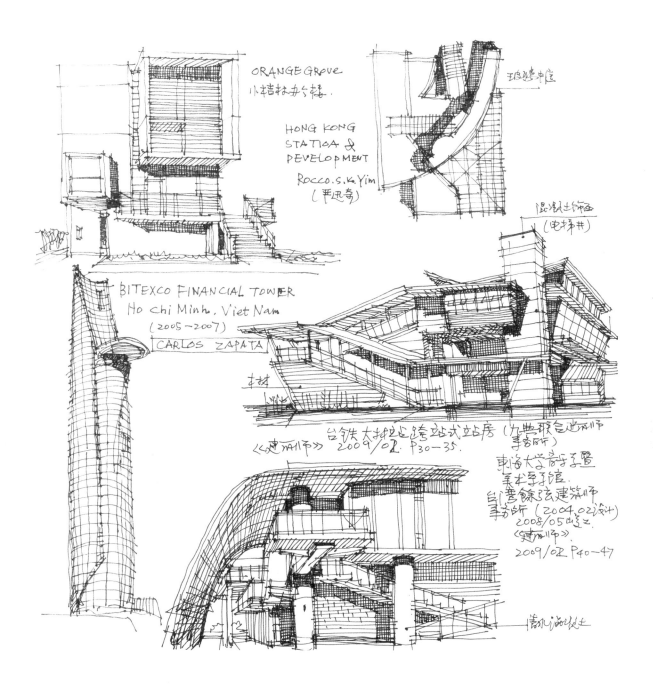

ORANGE GROVE
小桔树办公楼.

HONG KONG
STATIOA &
DEVELOPMENT
Rocco.S.K.Yim
(严迅奇)

玻璃中庭

混凝土饰面
(电梯井)

BITEXCO FINANCIAL TOWER
Ho Chi Minh, Viet Nam
(2005~2007)
CARLOS ZAPATA

木材

台铁大林立跨站式站房（九典联合地建筑师
事务所）
《建筑师》2009/02 P30—35.

东海大学音乐堂暨
美术学系馆.
台湾馀弦建筑师
事务所（2004.02设计）
2008/05出之.
《建筑师》
2009/02 P40—47

清水混凝土

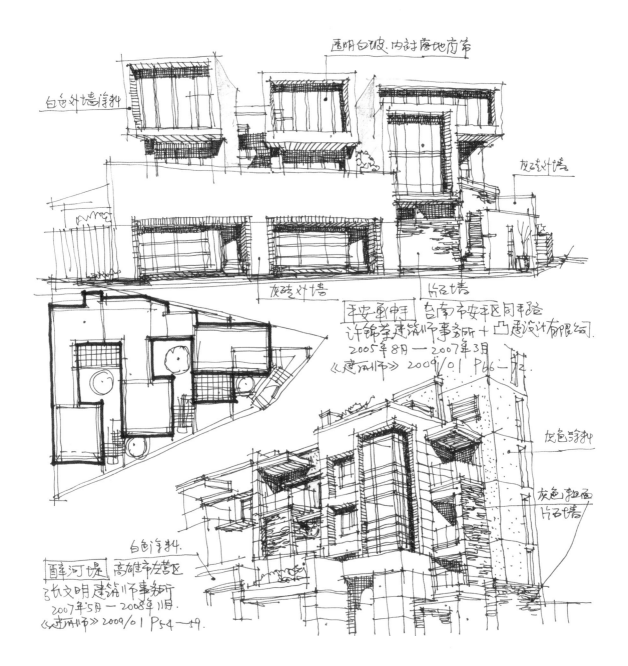

资料收集，2010

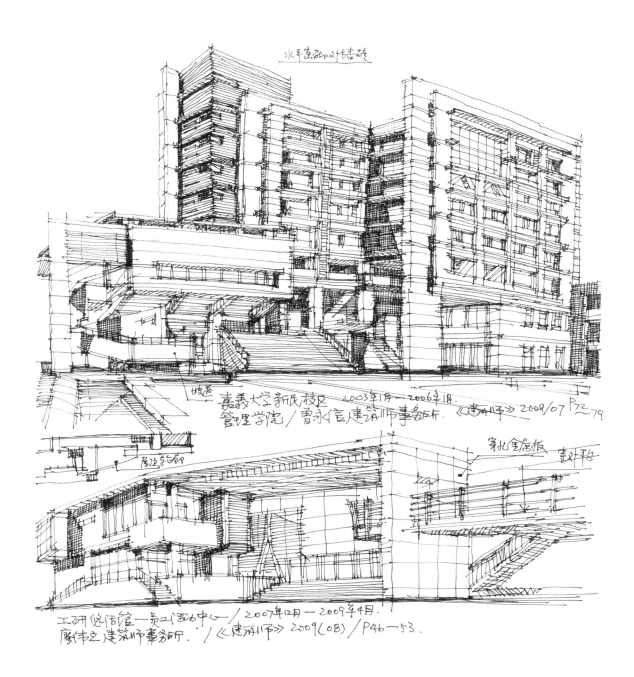

水平连续的外挂磁砖

披面

嘉义大学新民校区 2003年1月—2006年1月·
管理学院/曹永官建筑师事务所. 《建筑师》2009/07 P72—79

屋顶轮廓印

家北金属板 栏杆板

工研图书馆—员工活动中心/2007年12月—2009年4月·
廖伟之建筑师事务所. 《建筑师》2009(08)/P46—53.

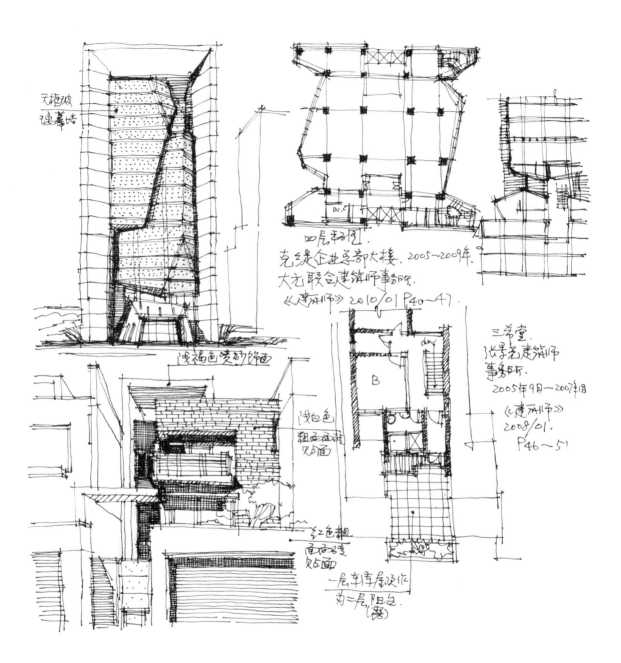

天粒波
玻璃幕墙

浅褐色喷釉饰面

四层平面图.
克缇企业总部大楼. 2005~2009年.
大元联合建筑师事务所.
《建筑师》 2010/01 P40~47.

浅白色
粗面面砖
贴面

三峡堂.
张景光建筑师
事务所.
2005年9月—2007年1月
《建筑师》
2008/01.
P46~51

B

dn

红色瓦
直向变
贴面

一层车库屋顶作
为二层阳台.(西)

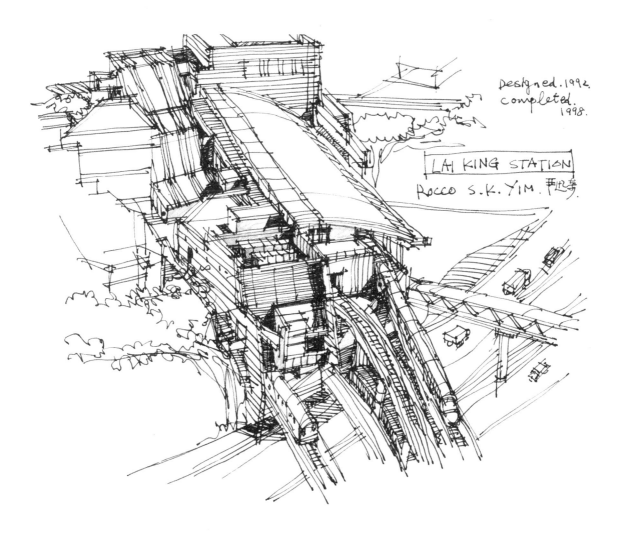

designed. 1992.
completed.
1998.

LAI KING STATION
ROCCO S.K. YIM. 严迅奇

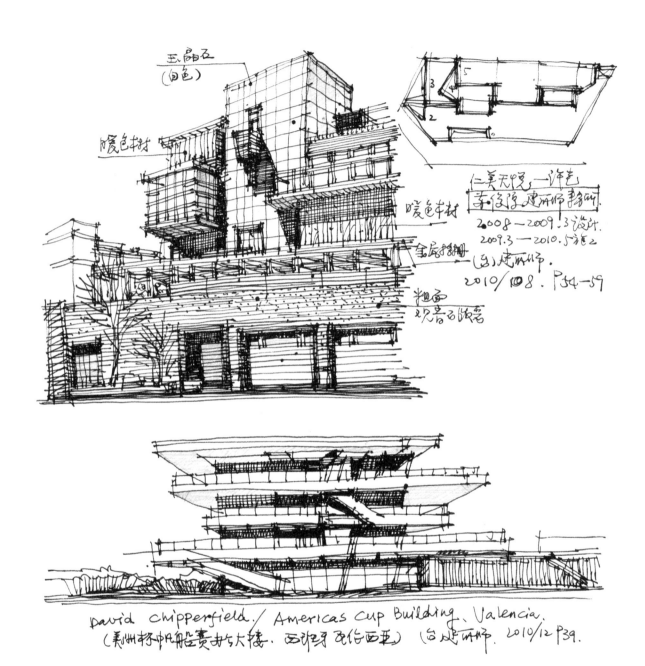

玉晶石
(白色)

暖色材

暖色木材

金属栏杆

粗面
观音石贴墙

仁美无院, 一评亮
李俊贤, 建筑师 事务所
2008~2009.3 设计.
2009.3—2010.5 施工
(台)建筑师.
2010/108. P54-59

David Chipperfield./ Americas Cup Building, Valencia.
(美洲杯帆船赛址大楼. 西班牙瓦伦西亚) (台建筑师. 2010/12 P39.

资料收集，2012

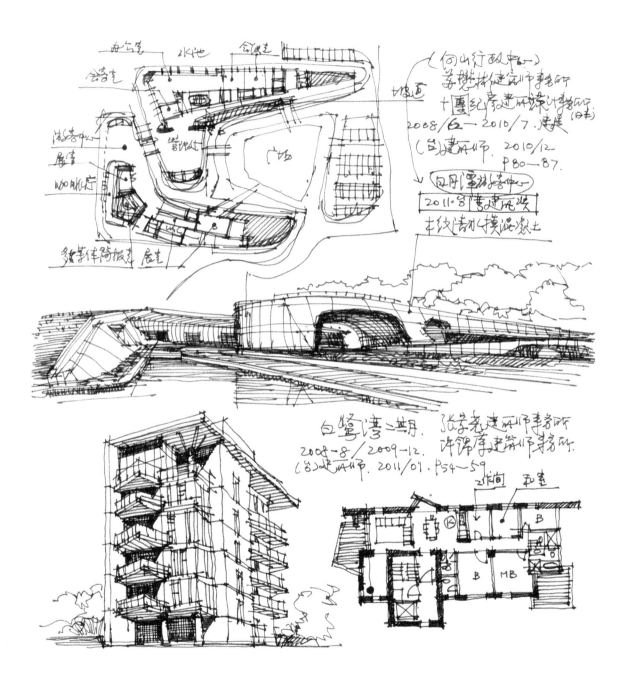

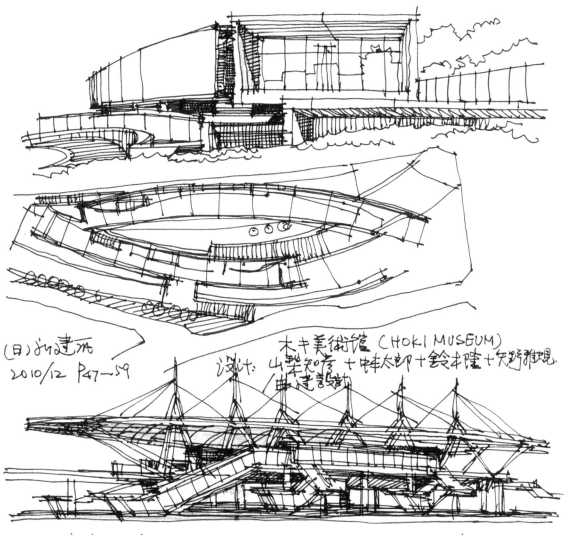

(日) 新建筑
2010/12 P47~59

木キ美術館 (CHOKI MUSEUM)
设计: 山梨知彦+中本太郎+铃木隆+矢野雅规
日建设计

台罚高雄捷运主覃站点   Design. Wood Janssen Incorporated.
(台) 建筑师   2009/08. P35

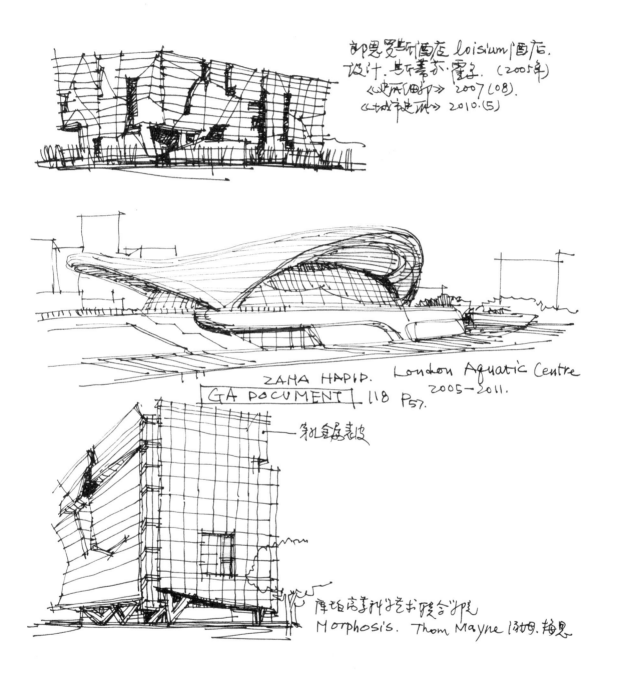

郁恩罗斯可酒店 loisium酒店.
设计. 斯蒂芬 · 霍尔. (2005年)
《世界建筑》 2007 (08).
《城市建筑》 2010. (5)

ZAHA HAPID. London Aquatic Centre
2005-2011.
GA DOCUMENT 118 P57.

钛金属表皮

库珀高等科技学院联合学院
Morphosis. Thom Mayne 汤姆 · 梅恩

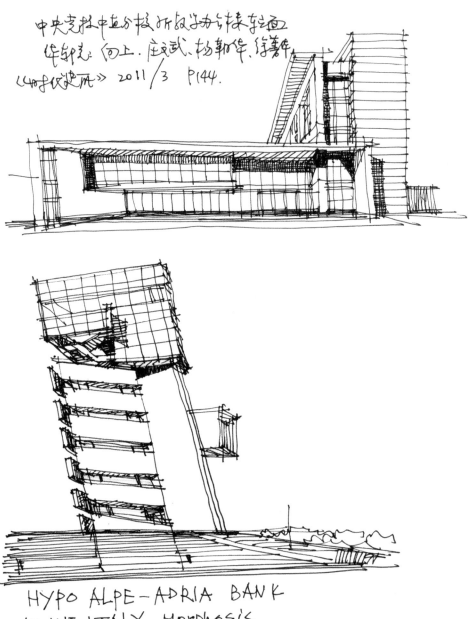

中央克拉中立分校所教学办公楼轴测
华师先. 向上. 庄武. 杨新华. 徐慧华
《当代建筑》2011/3 P144.

HYPO ALPE-ADRIA BANK
UDINE.ITALY. Morphosis.
(2003→2006).

资料收集，2012

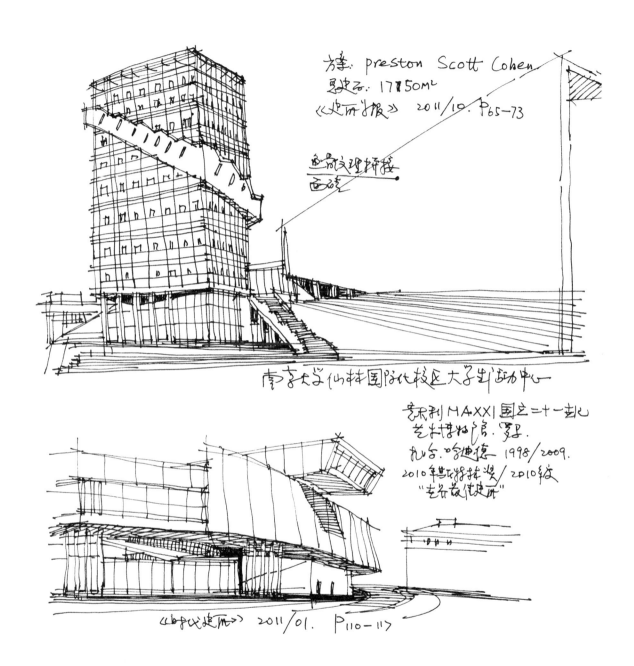

族: preston Scott Cohen.
总建面: 17850M²
《建筑学报》 2011/10. P65-73

画廊玄理拼接
画廊图

南京大学仙林国际化校区大学生活动中心

意大利MAXXI国立二十一世纪
艺术博物馆. 罗马.
扎哈·哈迪德 1998/2009.
2010年斯特林奖/2010年度
"去年最佳建筑"

《当代建筑》 2011/01. P110-117

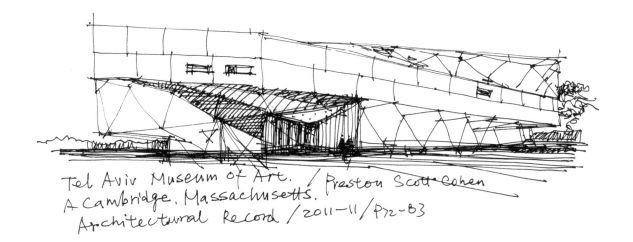

Tel Aviv Museum of Art. / Preston Scott Cohen
A Cambridge. Massachusetts.
Architectural Record / 2011-11 / P72-83

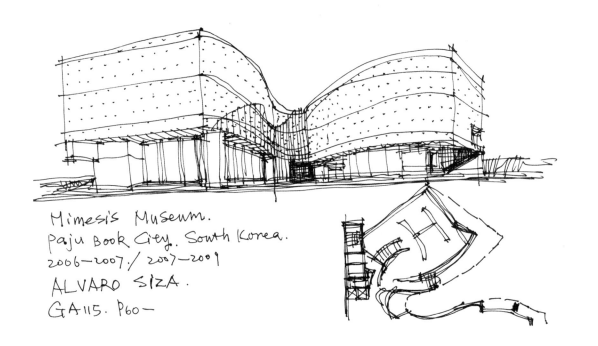

Mimesis Museum.
Paju Book City. South Korea.
2006-2007. / 2007-2009
ALVARO SIZA.
GA 115. P60—

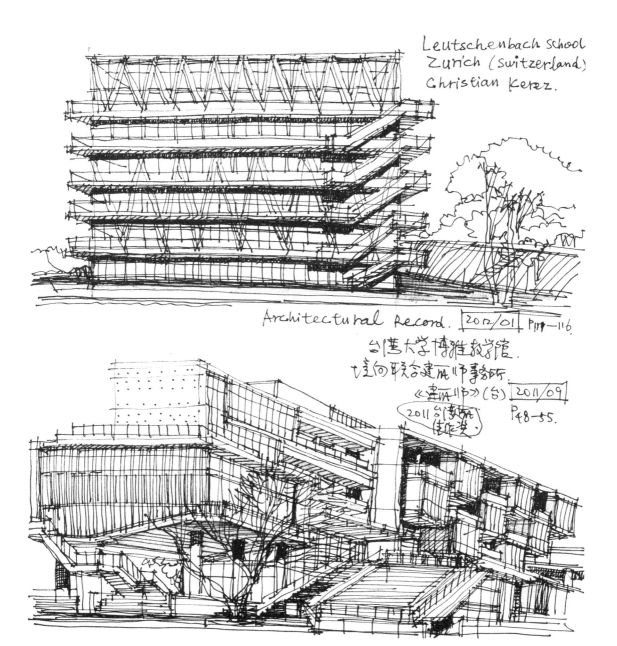

Leutschenbach school
Zurich (Switzerland)
Christian Kerez.

Architectural Record. 2012/01 P117-116.

台灣大学博雅教学馆.
大建筑联合建筑师事务所.
《建筑师》(台) 2011/09
2011台灣建筑 P48-55.
佳作奖.

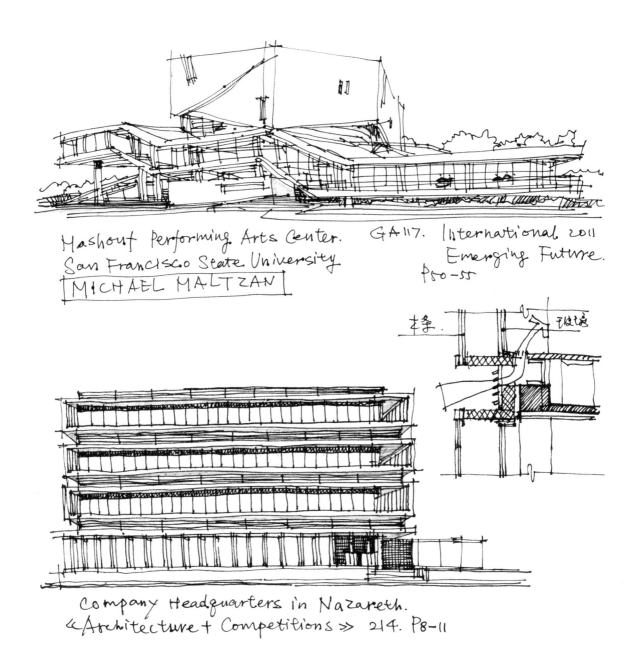

Mashout Performing Arts Center.
San Francisco State University
[MICHAEL MALTZAN]

GA 117. International 2011
Emerging Future.
P50-55

Company Headquarters in Nazareth.
《Architecture + Competitions》 214. P8-11

carpet Houses in Tallinn

《Architecture + Competitions》

[203] P10-13

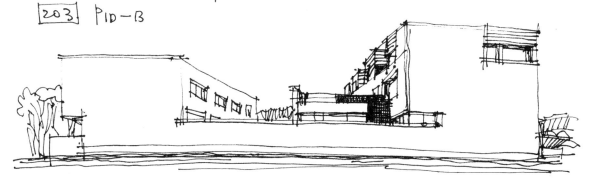

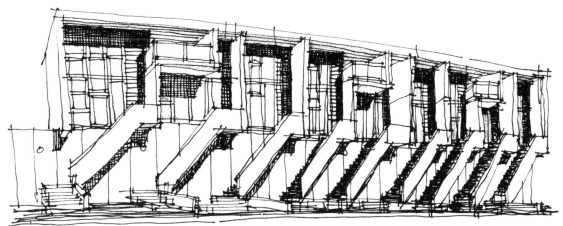

Terraced House in Kanoya.
NKS architects. Fukuoka.
《A + C》. [203] P48-49

 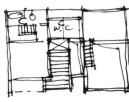

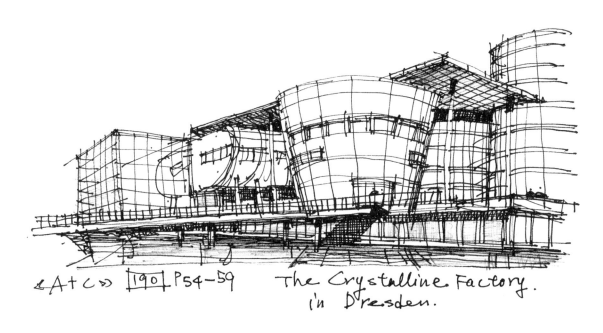

《A+C》[190] P54-59   The Crystalline Factory.
                              in Dresden.

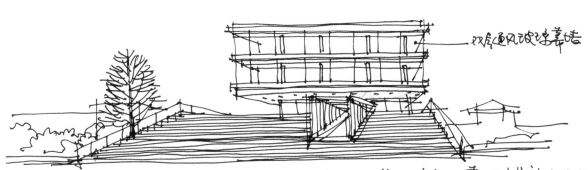

双层通风玻璃幕墙

浙江长兴县广播电视台./暗房. 傅筱 胡恒著./南京:江苏人民出版社. 2012.10.
24000m²/2000-2009年.
傅筱.

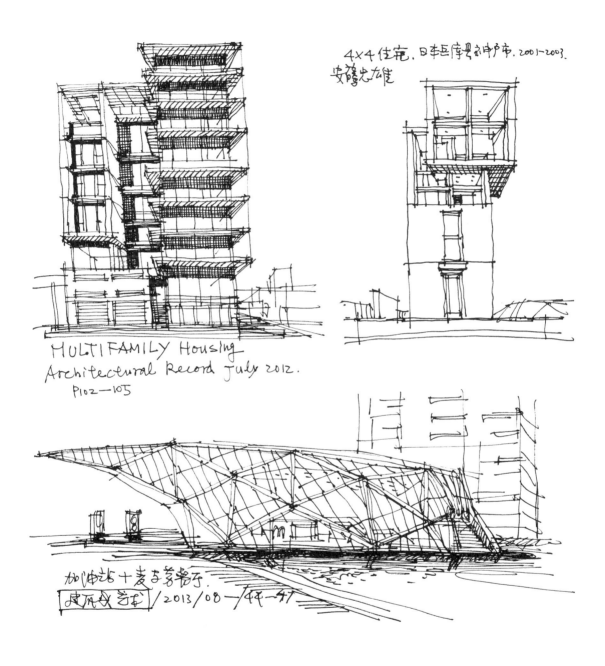

4×4住宅，日本兵库县神户市．2001-2003.
安藤忠雄

MULTIFAMILY Housing
Architectural Record July 2012.
P102—105

加油站＋麦当劳房子．
建筑文艺 / 2013 / 08 —— / 44—4T

Location: Lima. Perú
Completion Date: 2015
Project Area: 68.625M2
Built Area: 33.945M2
Architect: Grafton Architects
Local Architect: Shell Arquitectos

The plan
(Architecture & Technologies
in Detail)
November 2015./P31-42.

Campus Universitario
UTEC/UTEC Campus

资料收集，2016

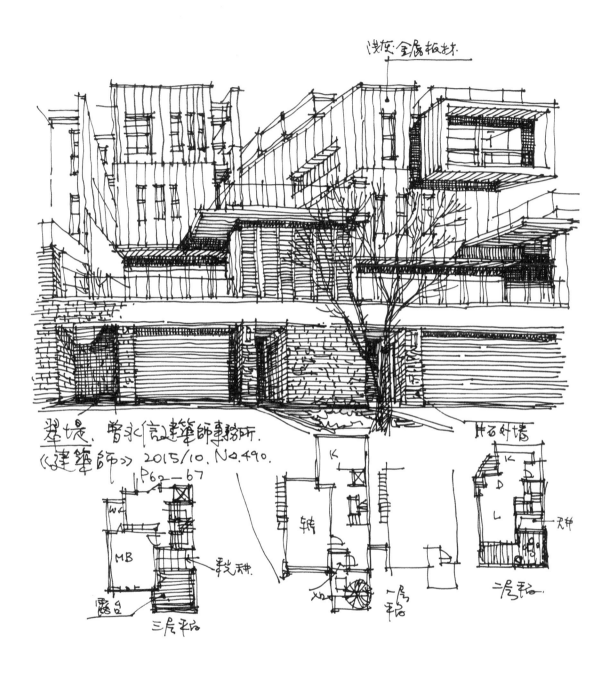

浅灰:金属板材.

堤,曾永信建築師事務所.
《建築師》2015/10. N₀.490.
P62—67

砌石外墙

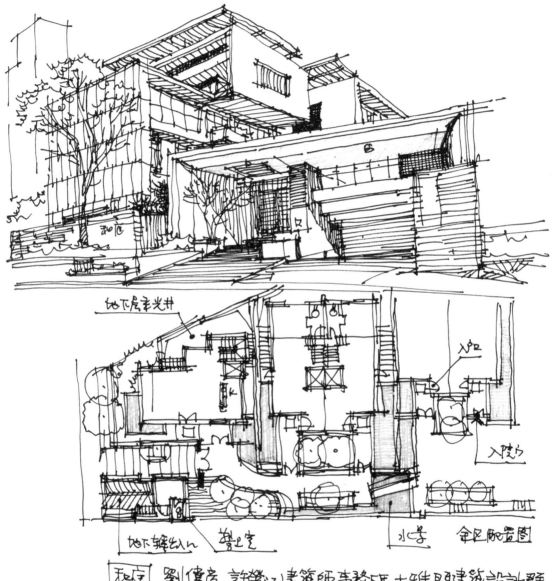

和庭 刘伟彦、许乐江建筑师事务所 + 雅邸建筑设计群
《建筑师》2015/10. NO.490. P44-49

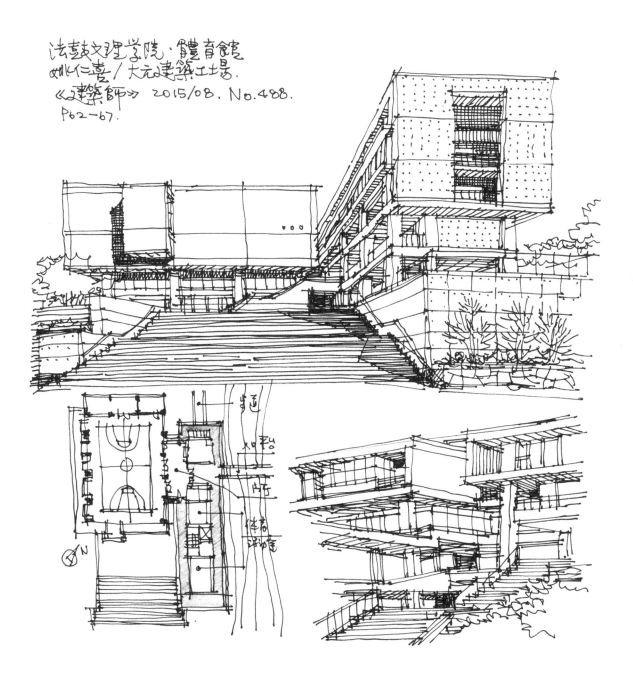

法鼓文理学院·體育館
姚仁喜/大元建築工場.
《建築師》2015/08. No.488.
P62-67.

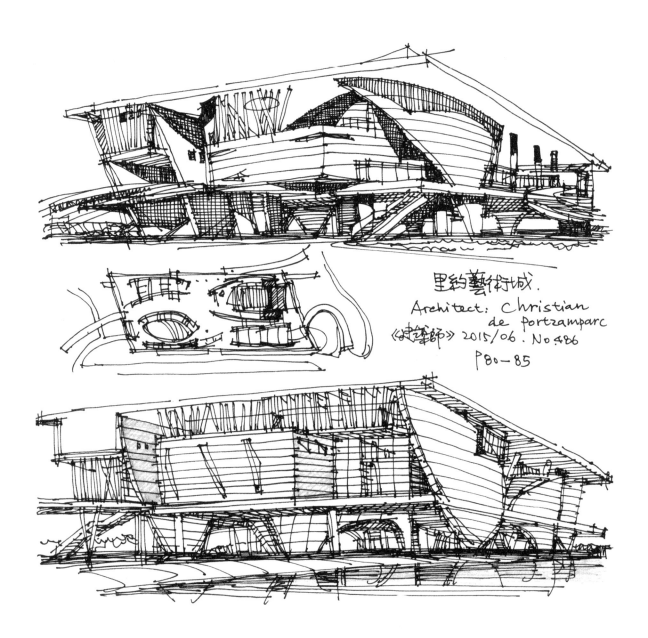

里約藝術城.
Architect: Christian
          de Portzamparc
《建築師》2015/06. No.486
        P80—85

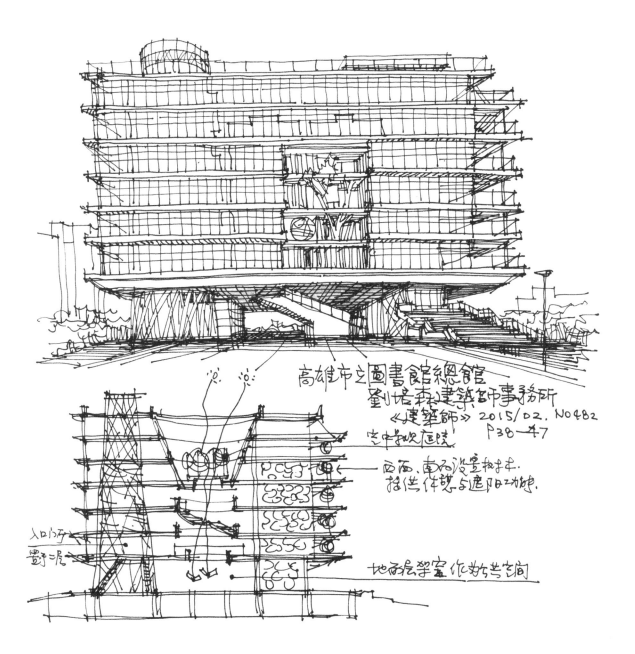

高雄市立圖書館總館
劉培森建築師事務所
《建築師》2015/02. NO482
P38~47

空中吹庭院

→ 西面、東西没室拉天.
提供休憩与遮阳功能.

入口处
野滩

地面层学室作数营空间

客房

办公
办公区走道

标住层平面图
寒舍艾麗酒店
姚仁喜/大元建築場
《建筑师》2014/08.
No.476.
P46-51

曲面玻璃.   金屬穿孔板

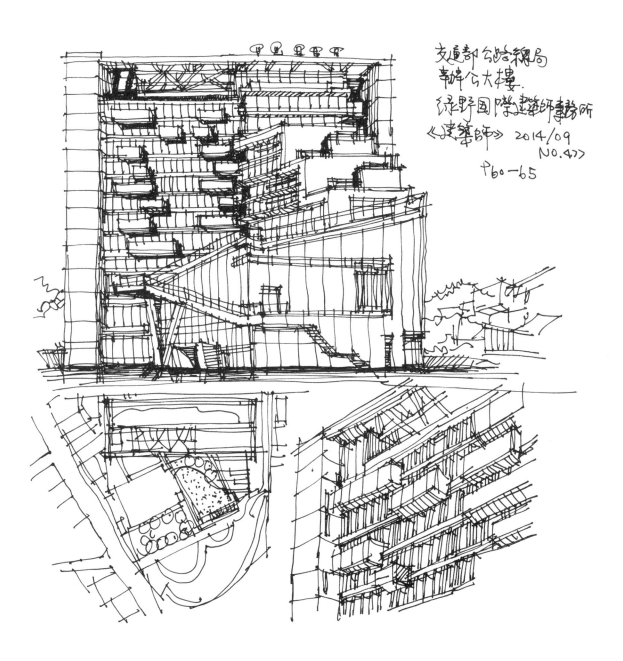

交通部公路网局
办公大楼.
绿野国际建筑师事务所
《建筑师》2014/09
NO.47》
P60-65

资料收集，2016

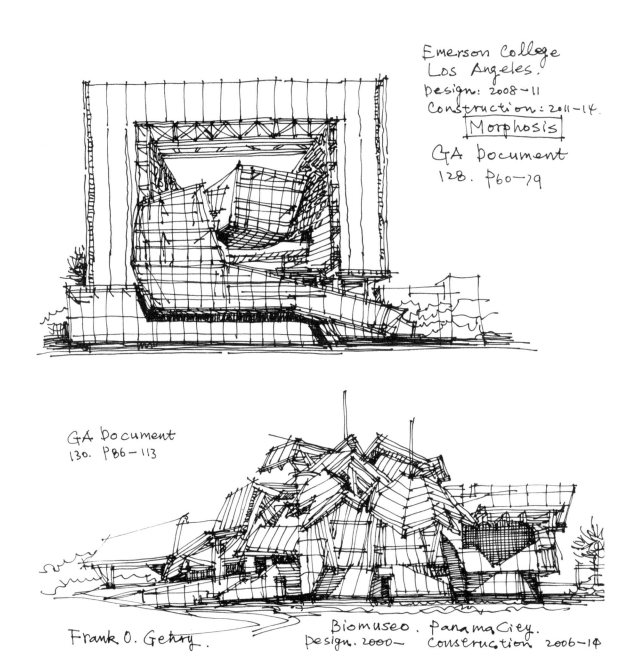

Emerson College
Los Angeles.
Design: 2008~11
Construction: 2011~14.
Morphosis
GA Document
128. P60~79

GA Document
130. P86—113

Frank O. Gehry.

Biomuseo. Panama City.
Design. 2000~   Construction 2006~14

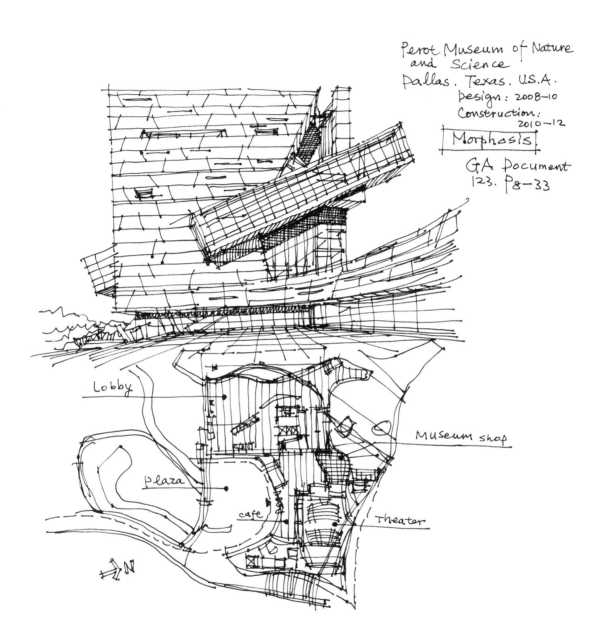

Perot Museum of Nature
and Science
Dallas. Texas. U.S.A.
Design: 2008-10
Construction:
                2010-12
Morphosis

GA Document
123. P8-33

Lobby

Museum shop

Plaza

cafe

Theater

N

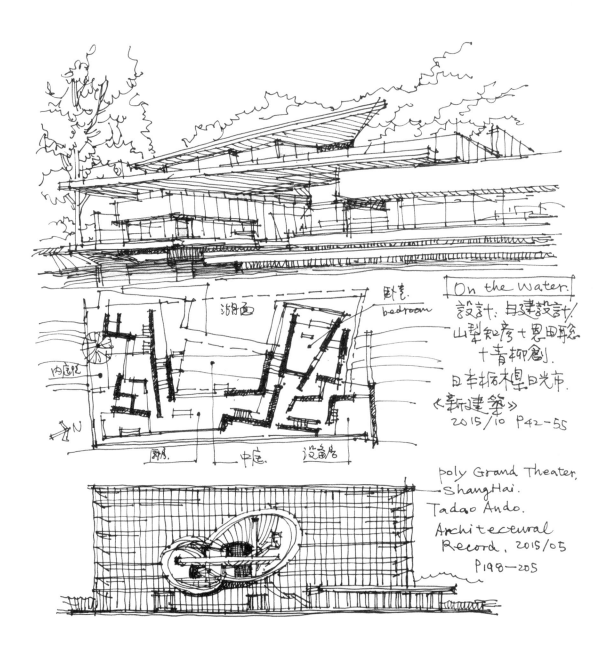

On the water.
設計：自建設計/
山梨知彦＋恩田聡
＋青柳創.
日本栃木県日光市.
《新建築》
2015/10 P42-55

poly Grand Theater.
ShangHai.
Tadao Ando.
Architecural
Record. 2015/05
P198-205

卧室
bedroom

湖面

内庭院

↗N

厨房.   中庭.   设备房.

资料收集，2016

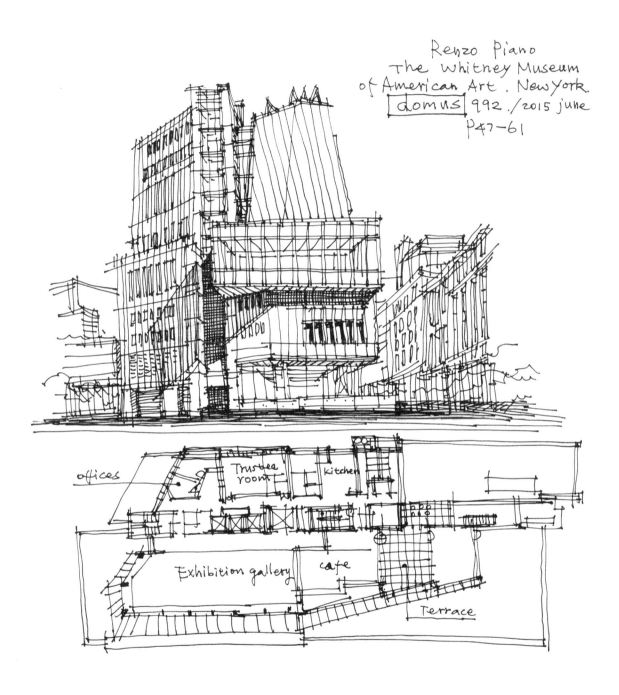

Renzo Piano
The Whitney Museum
of American Art . New York.
domus 992 ./2015 june
P47-61

offices

Trustee room

kitchen

Exhibition gallery

cafe

Terrace

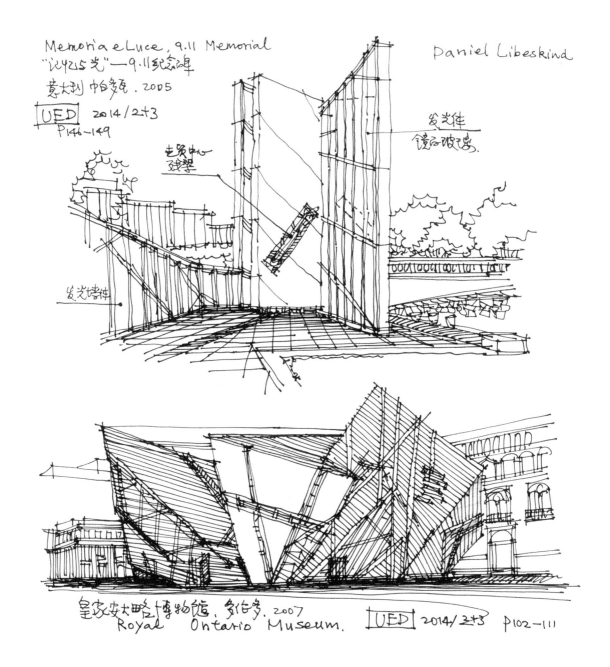

Memoria eLuce, 9.11 Memorial

"记忆之光" —9.11纪念碑

意大利 帕多瓦. 2005

UED 2014/2+3
P146~149

Daniel Libeskind

主贸中心
残骸

发光体
镀金玻璃房.

发光墙体

皇家安大略博物馆. 多伦多 2007
Royal Ontario Museum.   UED 2014/2+3 P102~111

资料收集，2016

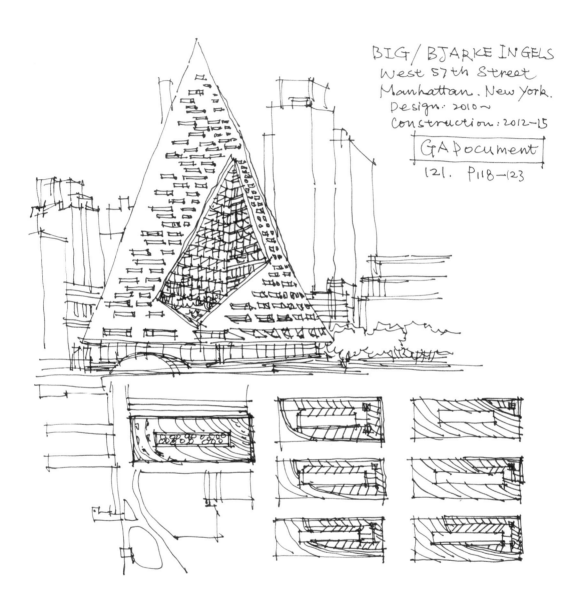

BIG / BJARKE INGELS
West 57th Street
Manhattan. New York.
Design: 2010~
Construction: 2012-15
GA Document
121. P118-123

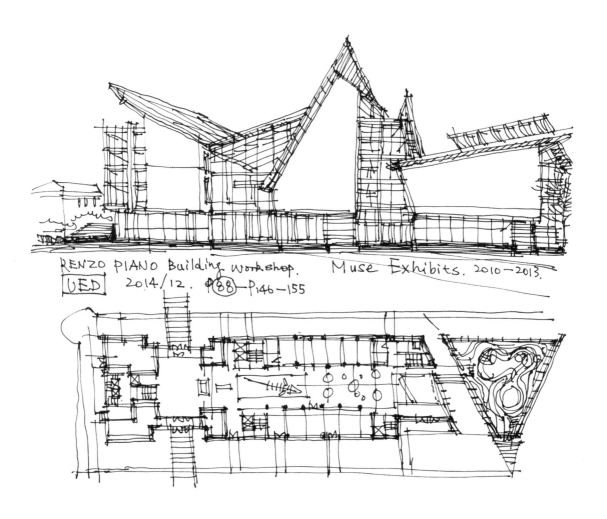

RENZO PIANO Building workshop.
UED 2014/12. ⑱⑱—P146—155
Muse Exhibits. 2010—2013.

UED 2015/2+3
P244-255

UNSTUDIO Theatre. Spijkenisse
Design: 2008—2011.
construction: 2012-14.

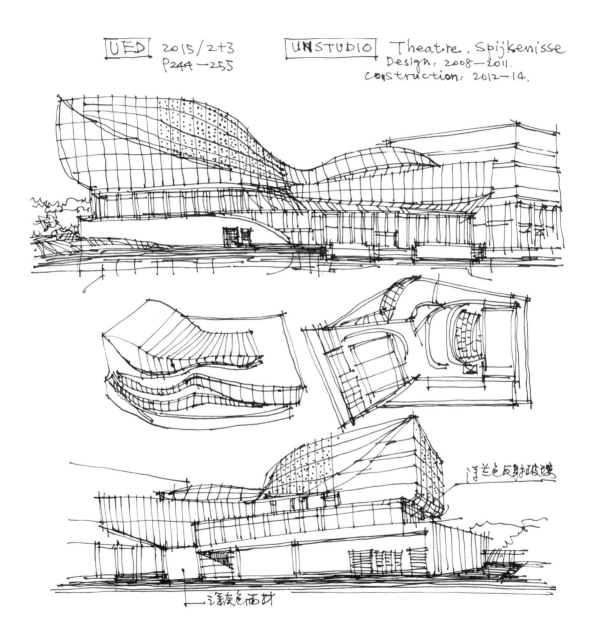

浮兰色反射玻璃

深铁色面材

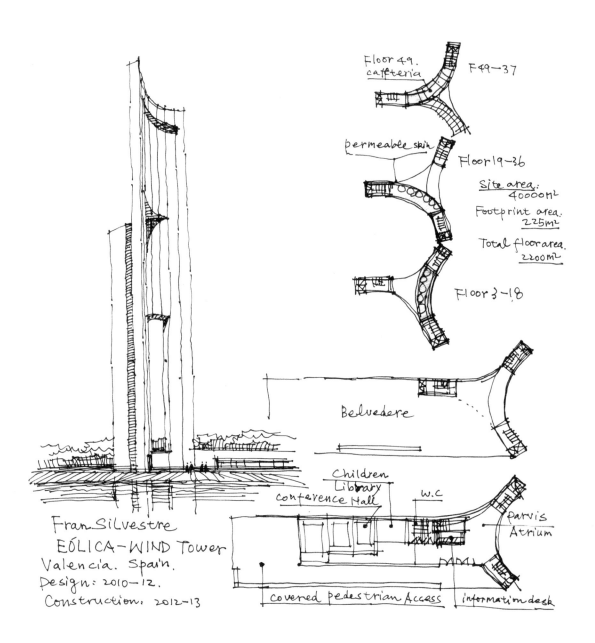

Floor 49.
cafeteria   F49~37

permeable skin

Floor 19~36

Site area:
40000m²
Footprint area:
225m²

Total floor area.
2200m²

Floor 3~18

Belvedere

Children
Library
conference Hall   w.c

Parvis
Atrium

Fran Silvestre
EÓLICA-WIND Tower
Valencia. Spain.
Design: 2010~12.
Construction: 2012~13

covered pedestrian Access   information desk

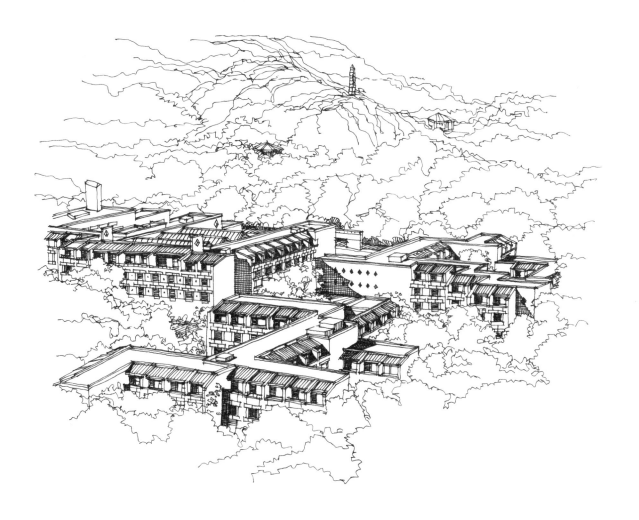

北京香山饭店

福建武夷山庄

安徽黄山云谷山庄

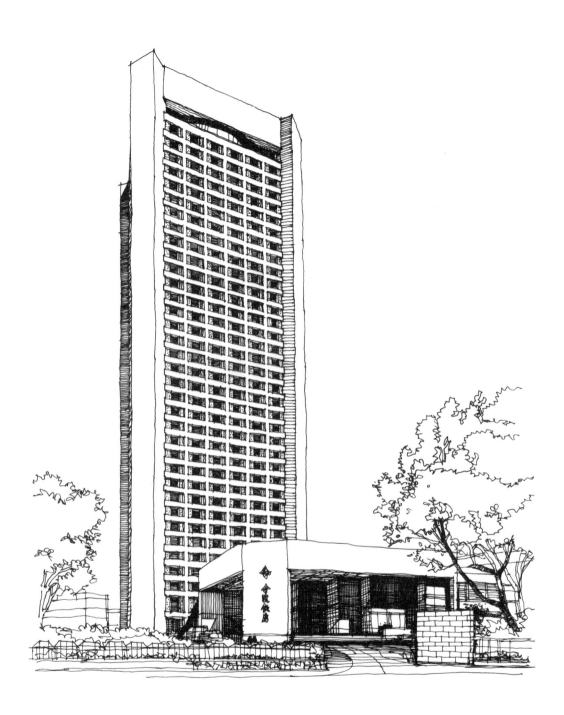

南京金陵饭店

北京国际饭店

杭州黄龙饭店

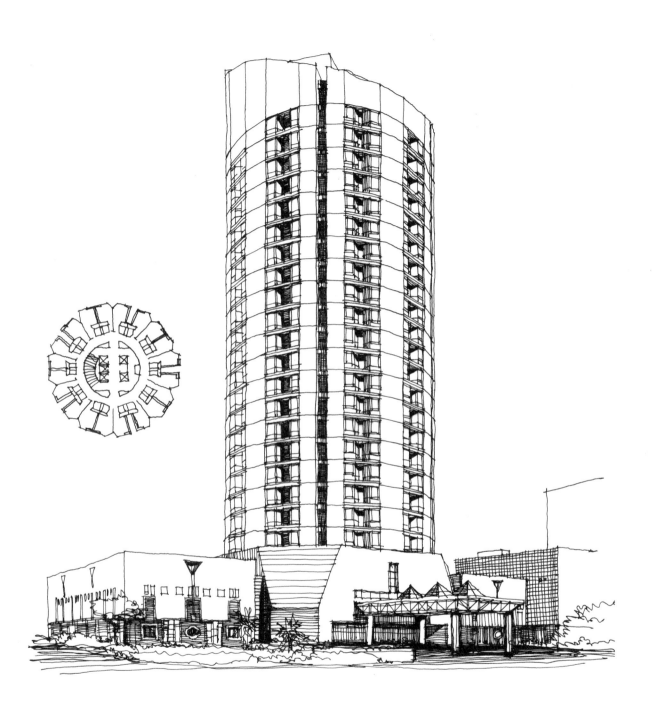

北京中日青年交流中心 21 世纪饭店

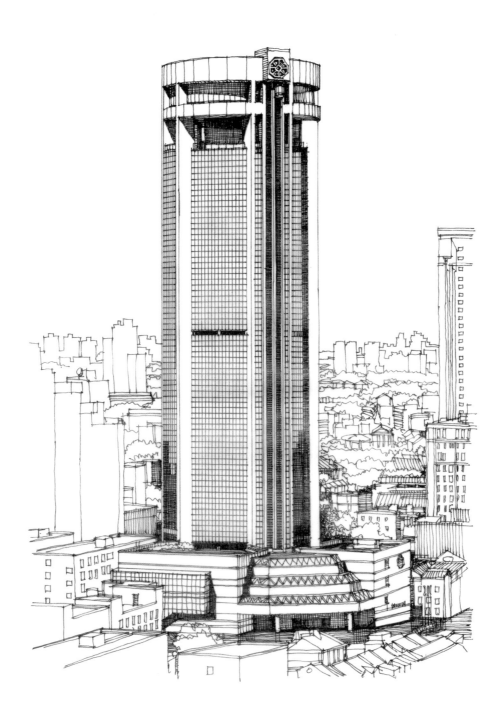

上海新锦江饭店

香港黄金海岸酒店

香港半岛酒店

罗马尼亚布加勒斯特洲际旅馆

美国洛杉矶波拿文丘旅馆

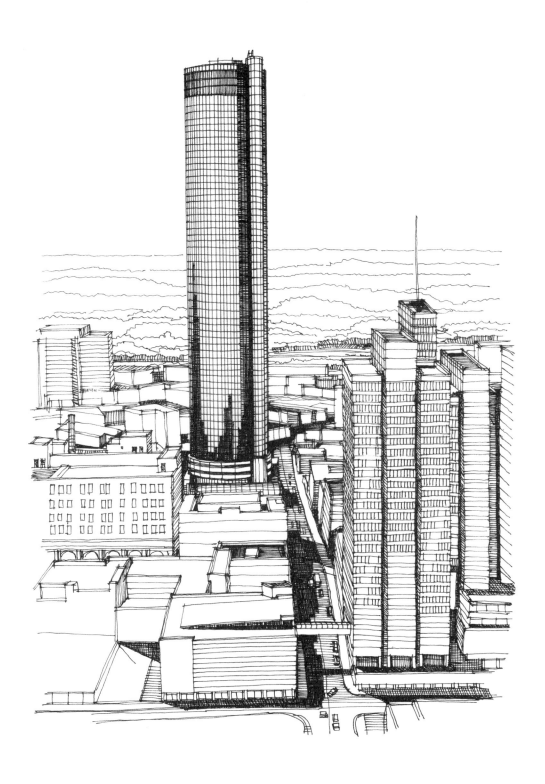

美国亚特兰大桃树广场旅馆

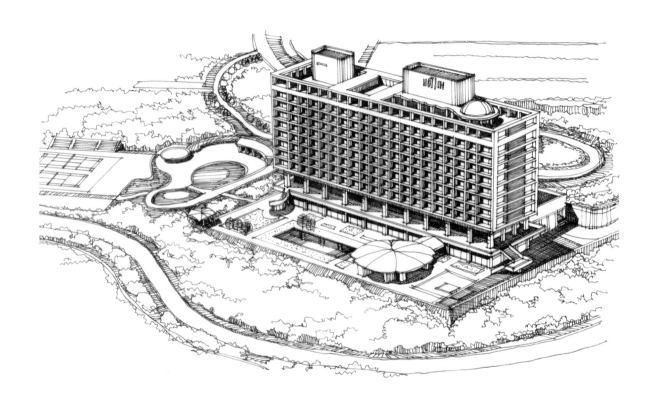

土耳其伊斯坦布尔希尔顿酒店

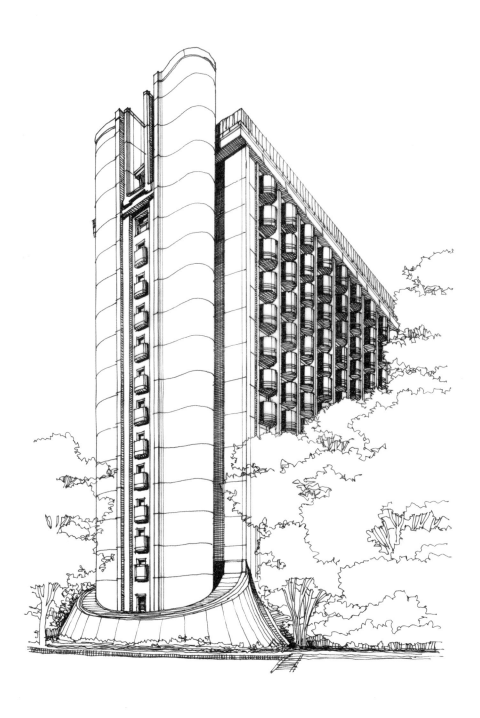

东京新高轮王子饭店

日本横滨标志塔

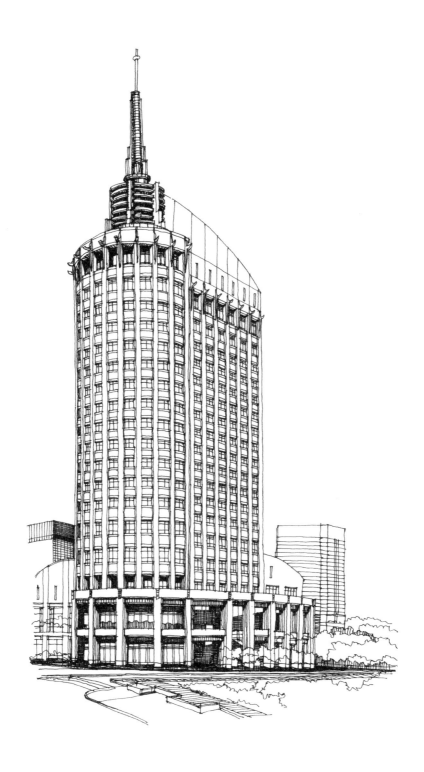

日本千叶曼哈顿旅馆

日本北海道旅馆

日本北九州王子饭店

图书在版编目（CIP）数据

建筑手记／卢峰著. — 重庆：重庆大学出版社，
2016.10（2017.11重印）

ISBN 978-7-5689-0153-6

Ⅰ.①建… Ⅱ.①卢… Ⅲ.①建筑学—文集 Ⅳ.
①TU-53

中国版本图书馆CIP数据核字（2016）第218229号

建筑手记
JIANZHU SHOUJI

卢　峰　著

责任编辑：张　婷
责任校对：刘雯娜
版式设计：李南江　张　婷

重庆大学出版社出版发行
出版人：易树平
社址：（401331）重庆市沙坪坝区大学城西路21号
网址：http://www.cqup.com.cn
印刷：重庆新金雅迪艺术印刷有限公司印刷

开本：710mm×1092mm　1/16　印张：13　字数：288千
2016年10月第1版　　2017年11月第2次印刷
ISBN 978-7-5689-0153-6
定价：78.00元